I0052894

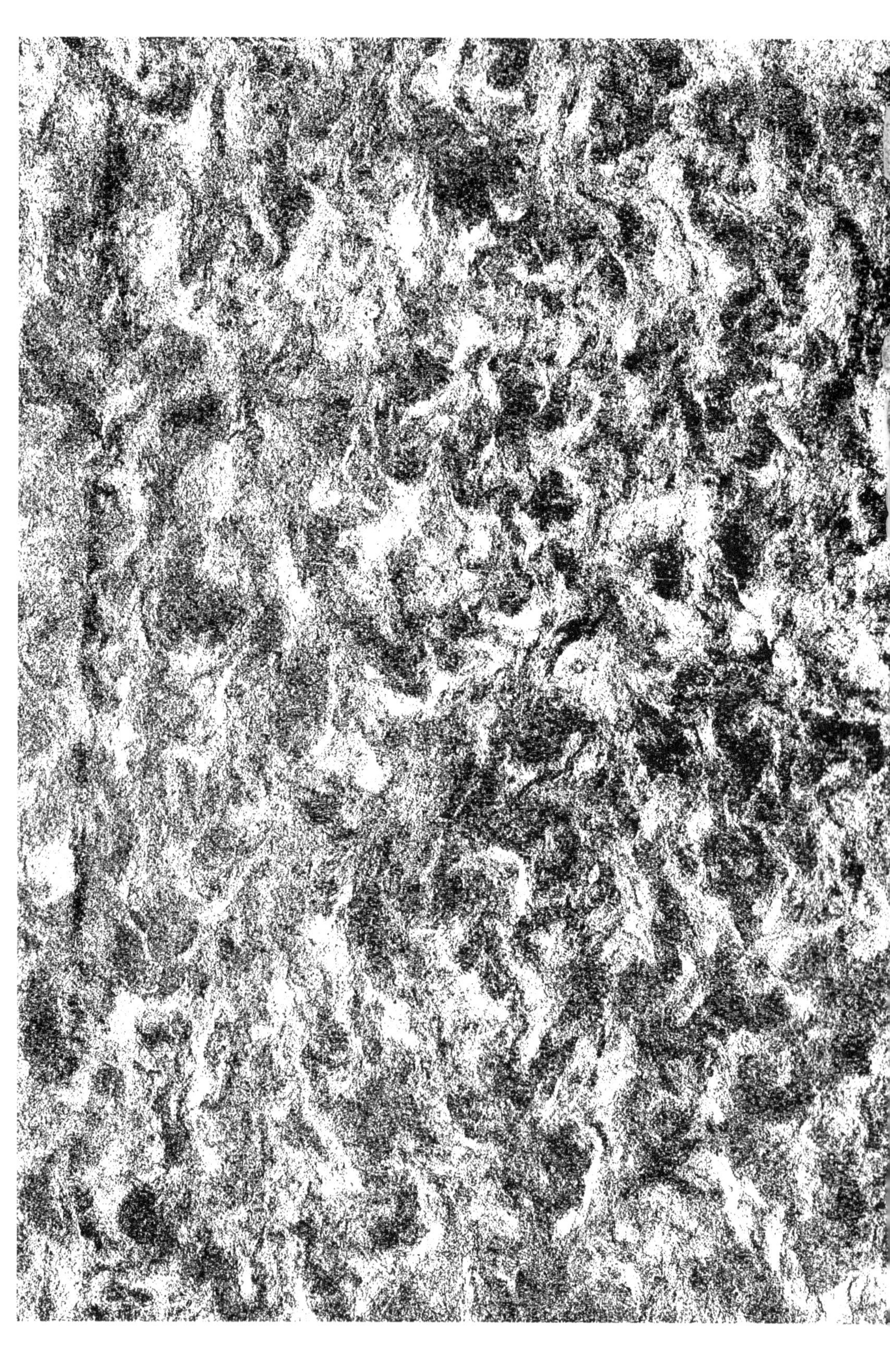

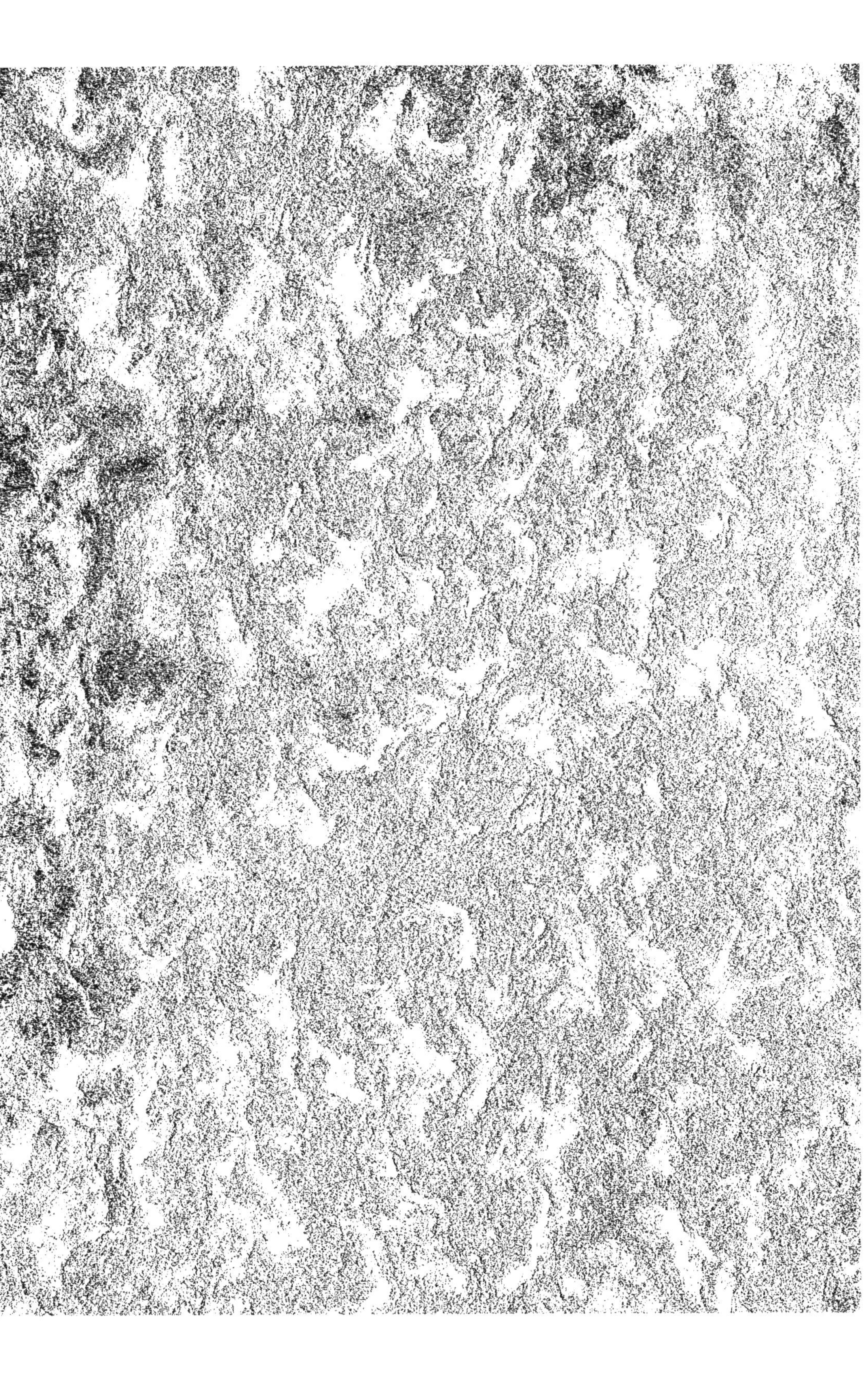

V 1510

10

90

PRINCIPES DE L'ORDONNANCE ET DE LA CONSTRUCTION DES BATIMENS.

3118

V

9001

PRINCIPES
DE L'ORDONNANCE
ET
DE LA CONSTRUCTION
DES BATIMENS.

NOTICES SUR DIVERS HÔPITAUX,

ET AUTRES ÉDIFICES PUBLICS ET PARTICULIERS,

COMPOSÉS ET CONSTRUITS PAR CHARLES-FRANÇOIS VIEL,

Architecte de l'Hôpital-général, Membre du Conseil des Travaux publics du Département de la Seine et de l'Athénée des Arts.

QUATRIÈME VOLUME.

A PARIS,

CHEZ
- L'Auteur, rue du faubourg St.-Jacques, près le Val-de-Grace, n°. 288;
- TILLIARD, frères, Libraires, rue Haute-Feuille, n°. 22;
- GOEURY, Libraire, quai des Augustins, n°. 41.

FÉVRIER 1812.

AVERTISSEMENT.

La première partie de ce Traité d'Architecture, celle de l'ordonnance, a été publiée en 1797 : à cette époque, le plan de l'ouvrage étoit tracé, les principaux matériaux recueillis; néanmoins quatorze années se sont écoulées avant sa production complette, par deux causes différentes.

La première, est l'importance du sujet, dont les points principaux durent être d'autant plus développés, que les grandes entreprises qui, depuis dix ans, se sont succédées en architecture, donnèrent naissance à des observations importantes sur l'art de composer et de construire.

La seconde cause du retard qu'a éprouvé ce même ouvrage à être mis au jour, sont les fonctions de l'Auteur : la direction des travaux publics qui lui sont confiés, a dû, avant tout, être remplie.

Les notices réunies dans ce volume, sont spéciales aux édifices érigés par lui, sur ses dessins; le premier, l'hôpital Cochin; ceux ensuite, dans les grands hôpitaux de la capitale, à la Pitié, à la Salpétrière, à Bicêtre. Les autres édifices sont : le Mont-de-Piété, sur la rue de Paradis, la Succursale qui en dépend, rue des Petits-Augustins, faubourg St.-Germain, et la Halle au bled à Corbeil.

Ces notices sont une sorte de compte rendu des opérations diverses dont l'Auteur a été chargé dans le cours de trente années.

En soumettant ainsi, au public, ses opérations, il se flatte de prouver tout le prix qu'il attache à la confiance dont l'honore l'Administration des hôpitaux et le Gouvernement; à l'opinion publique.

Il ne donne point de notice des accroissemens faits (en 1782) à l'hôpital des Enfans-Trouvés, parvis Notre-Dame, qui consistent en *une aile* sur le cul-de-sac de Jérusalem; *deux pavillons*, l'un adhérent à cette aîle, l'autre lié en arrière-corps avec le chevet de la chapelle, sur la rue St.-Christophe : il se borne à cette simple mention.

Le chapitre des Fondemens des bâtimens, deuxième partie de ce Traité d'Architecture, rend compte de ceux de cet édifice, qui ont été d'une construction difficile et d'une profondeur extraordinaire.

Les descriptions exactes et détaillées qu'il publie aujourd'hui, rendent faciles à juger les dessins de la collection des planches contenues dans ce même volume. Ainsi le discours et les figures fixeront invariablement l'ordonnance, les proportions et les distributions premières des plans de l'Auteur, tels qu'il les a composés et construits.

Le fragment d'Architecture, la tribune de l'orgue de l'église St.-Jacques St.-Philippe du Haut-Pas, exécutée en 1791, dont la grande saillie invariable du positif a opposé des obstacles à vaincre dans la composition, ne doit être que cité dans cet avertissement.

L'Auteur ne fait pas également de notices sur des maisons de campagne et de ville qu'il a bâties; entre ces compositions exécutées, il se borne à parler de celles qui sont les plus importantes.

Il ne fera qu'une simple annonce de trois compositions différentes dont le Conseil général des Hôpitaux l'a chargé depuis peu d'années : les deux premières sont des corps de bâtimens à ériger, les uns à l'hôpital des Enfans malades, rue de Sèvres, faubourg St.-Germain; les autres, à l'hôpital des Ménages.

A l'hôpital des Enfans, ils consistent en deux masses de bâtimens isolées et parallèles, en tout semblables en dimensions et en ordonnance; elles sont établies sur un soubassement de sept pieds de hauteur, et composées de deux étages, chacun capable de contenir cinquante malades, ensemble deux cents malades; les rez-de-chaussée sont destinés à divers magasins, et à des services accessoires.

A l'hôpital des Ménages, le plan est un seul corps de bâtiment de quarante-cinq toises trois pieds de longueur, et cinq toises de profondeur : il seroit érigé sur la grande rue de Sèvres, dans la même direction de l'église.

La troisième de ces compositions, faite en 1810, est une pharmacie centrale des hôpitaux de la capitale, et la réunion de tous les bureaux de l'Administration.

Ce vaste édifice doit être élevé sur la rue de la Bucherie, dans l'enceinte des greniers à bled de l'Hôtel-Dieu, et celle de St.-Julien-le-Pauvre, qui sont contigues. Les plans, les élévations et les coupes développent les grandes et principales parties de ce nouvel établissement devenu nécessaire par la cession faite au Gouvernement, des bâtimens des Enfans-Trouvés, parvis Notre-Dame.

Ces divers plans de destinations différentes, ceux de l'hôpital des Enfans, à l'usage de malades, ceux aux ménages, pour recevoir des vieillards logés en chambres particulières; ceux de la pharmacie centrale, établissemens nouveaux; tous ces plans ont été acceptés pour l'exécution par le Conseil général des hôpitaux. L'Auteur terminera cet ouvrage descriptif, par des notices de projets d'un intérêt général; ce sont les suivans :

Le premier, la restauration des piliers du dôme du Panthéon français (Ste.-Geneviève), dont les mémoires et les plans ont été publiés en 1797, et années suivantes;

Le second, la construction d'une voûte en pierres de taille, sur la cour de la Halle au bled de Paris, et la confortation des murs extérieurs de cet édifice, qui ont été les sujets des dissertations publiées en juin 1809;

Le troisième, celui d'un monument consacré à l'histoire naturelle, tracé sur les terrains du Jardin des Plantes, et ceux environnans, composé en 1776, dédié à M. de Buffon, en 1779;

Le quatrième et dernier de ces projets, est un grand Hôtel-Dieu, composé en 1777, gravé en 1780, sur un programme de M. Le Roy, membre de l'Académie royale des sciences, auteur d'un Mémoire sur les hôpitaux.

Ce quatrième et dernier volume, des Principes de l'ordonnance et de la construction des bâtimens, renferme, d'ailleurs, deux discours qui encadrent les notices.

Le premier, à la tête du volume livré à l'impression en 1807, traite : *Des anciennes études de l'Architecture.*

Le second, qui fait la conclusion de l'ouvrage, a pour sujet : *L'Architecte doit être savant dans l'art de composer et de construire.*

DIVERSES autres pièces complettent ce même volume.

LES gravures qui en font aussi partie, ont été successivement publiées; les plus anciennes datent de 1779; les dernières, de 1809.

TABLE GÉNÉRALE

PREMIER VOLUME.

SECOND VOLUME.

TROISIÈME VOLUME.

ANNÉE 1809.

QUATRIÈME VOLUME.

ŒUVRES DIVERSES.

HOPITAUX.

AUTRES ÉDIFICES PUBLICS.

BATIMENS PARTICULIERS.

B

PROJETS.

ORDRE DES PLANCHES.

(1) Ces réponses ont été insérées dans les Annales de l'Architecture. Année 1810. 1er. volume : 1er. cahier. Janvier.

(2) Ce rapport a été publié par l'auteur, en juin 1806.

NOTICES
SUR DIVERS HÔPITAUX,
ET AUTRES ÉDIFICES
PUBLICS ET PARTICULIERS.

NOTICES

D'ÉDIFICES PUBLICS ET PARTICULIERS.

HOPITAL COCHIN (1).

L'HOPITAL Cochin situé au *sud* de Paris, faubourg St.-Jacques, en face de l'Observatoire impérial, est consacré aux malades des deux sexes; il contient cent vingt lits.

LE terrain sur lequel il est érigé, n'étoit, à l'époque où j'en composai les plans, que de vingt-quatre toises en longueur sur la rue, dix toises de profondeur côté du *midi*, et sept toises seulement sur celui du *nord.* Ce ne fut que deux ans après que l'on obtint l'accroissement du terrain qui forme les jardins de l'hôpital. Les premières et foibles dimensions du lieu, dont la superficie totale n'étoit que de deux cent quatre toises, m'ont opposé de grandes difficultés à vaincre, pour donner au plan de l'édifice les dispositions convenables à un bâtiment de ce genre. Le fondateur, le curé de St.-Jacques, les accepta et en ordonna l'exécution.

LES fondemens de l'hôpital Cochin, ont été jetés au mois de mars 1780; les premières assises des colonnes du portique furent posées le 25 septembre suivant, avec une solennité particulière : le clergé de la paroisse, ayant à sa tête l'auteur de l'établissement, s'y rendit au son des cloches; un concours considérable d'habitans du quartier St.-Jacques et d'autres quartiers de la ville, se rendit à cette cérémonie, concours qui indiqua tout l'intérêt que le public prenoit à l'érection de cet hôpital.

(1) A son origine, cette maison portoit la dénomination d'hospice St.-Jacques St.-Philippe du Haut-Pas. Elle étoit spécialement destinée pour les malades de la paroisse; aujourd'hui, cet hôpital reçoit ceux de différens quartiers de la ville.

DEUX vieillards, un homme et une femme, les plus recommandables dans la classe indigente de la paroisse, choisis par le fondateur, posèrent chacun les premières pierres du portique. La *règle*, le *niveau*, l'*auge*, la *truelle*, le *marteau*, avec lesquels Louis XIV avoit posé la première pierre du temple magnifique et célèbre du Val-de-Grâce, furent alors extraits du trésor de cette abbaye royale. Ces outils, tous composés de matières précieuses, de bois d'ébène et d'argent, servirent alors pour le simple édifice d'un hôpital.

LES travaux poussés avec activité permirent, deux ans après, en 1782, aux malades de la paroisse, d'entrer dans ce nouvel asile de l'infortune.

LA planche 1re. réunit les plans des différens étages, l'élévation principale et deux coupes, l'une sur la longueur, l'autre sur la largeur de l'édifice.

LE fondateur, feu M. Cochin, aussi recommandable par ses lumières (il existe de lui plusieurs ouvrages estimés), que par le zèle le plus ardent pour soulager les pauvres dans tous leurs besoins, étoit un administrateur habile. Ses veilles, son activité au gouvernement de sa paroisse, le précipitèrent dans la tombe le 3 juin 1783, à un âge peu avancé, un an après l'ouverture de son hôpital (1).

LORSQU'ON réfléchit sur les foibles moyens en finances, dont pouvoit disposer l'auteur de cet hôpital, et le succès rapide de cette honorable et utile entreprise, on juge combien sa mémoire est digne de passer à la postérité. Un buste exécuté en marbre, par Ch. A. Bridan (2), offre dans cette maison hospitalière, les traits de l'homme de bien qui l'a érigée.

L'AME ardente du curé de St.-Jacques pour secourir diversement les malheureux, lui avoit inspiré de faire un établissement particulier et nouveau; la réunion dans de vastes salles, d'un nombre de femmes très-âgées et les plus estimables de la paroisse, par leurs mœurs. Là, elles auroient été occupées chaque jour sous ses yeux, à des travaux faciles, et nourries par lui. La mort a renversé un si saint projet.

(1) Après la mort de M. le curé de St.-Jacques, feu M. Cochin son frère, soutint avec un zèle infatigable cet établissement naissant, pendant dix années, et jusqu'à son décès.

(2) Voir la Note biographique de cet habile et savant statuaire.

LA planche 2 contient les plans et les élévations de ces salles qui auroient été construites dans les jardins du presbytère.

LA PITIÉ.

L'HOPITAL de la Pitié, aujourd'hui annexe de l'Hôtel-Dieu, est situé au *sud-est* de Paris, faubourg St.-Victor. Il a été fondé en 1612, sous le règne de Louis XIII. L'on y recevoit à son origine, des enfans des deux sexes, des femmes âgées et infirmes. Alors la Salpétrière et Bicêtre n'existoient point. Dans la suite, au 18e. siècle, la Pitié fut spécialement destinée aux enfans mâles orphelins ou délaissés, depuis l'âge de cinq ans jusqu'à douze ans.

LA Pitié est le plus ancien des hôpitaux qui, sous Louis XIV, composèrent le grand établissement dit : *Hôpital général*, savoir, les maisons de la Salpétrière, de Bicêtre et des Enfans-Trouvés, auquel fut réuni l'hôpital du St.-Esprit fondé en 1363, et situé place de l'Hôtel-de-ville. La population entière de ces divers hôpitaux s'élevait, en 1789, à quatorze mille individus.

L'HOPITAL de la Pitié a son entrée au *nord*, à l'extrémité des rues Copeau et St.-Victor; son enceinte, dont la figure est celle de l'équerre, forme une presqu'île dont la superficie est de six mille cent soixante toises.

LES premiers plans de cet hôpital n'offroient point d'ensemble dans leurs masses, n'ayant aucunes dispositions raisonnées entre eux ; état qui a subsisté depuis l'origine de l'établissement jusqu'en 1784.

A cette époque, le nombre des enfans à la Pitié, s'élevait à quinze cents. Les bâtimens devenus de beaucoup insuffisans, et plusieurs tombant en ruine, il fallut en construire de nouveaux et de plus vastes. Un grand plan étoit commandé pour satisfaire aux besoins étendus de cet hôpital.

L'ADMINISTRATION choisit pour lieu des constructions à ériger, la partie de terrain au *sud*, à l'extrémité de l'enceinte de la Pitié, à compter de la porte charretière au *levant*, circonscrite par les rues du Jardin des Plantes, d'Orléans, de la Fontaine et de la place du Puits-l'Hermite.

LES bâtimens nouveaux avoient deux destinations différentes; les uns, et les plus importans, pour loger sept cents enfans; les autres, cent cinquante malades.

UN corps de bâtiment, d'une construction solide, existoit vers le milieu de l'hôpital, à l'exposition du *nord* et du *midi*; il détermina la première ligne du nouveau plan; il fixa la hauteur des planchers des bâtimens dont il dut faire partie.

JE traçai mon plan d'après ces données de rigueur, sur une superficie de deux mille huit cent quatre-vingt-sept toises trois pieds, dont la figure est un parallélogramme; les côtés au *levant* et au *couchant*, de trente-huit toises trois pieds; et les côtés au *midi* et au *nord*, soixante-quinze toises.

JE dessinai des pavillons au quatre angles du plan général, tous de quarante-huit pieds de front chaque; l'exposition à l'*est* sur la rue du Jardin des Plantes, devint le côté de la façade principale du nouveau plan, composée de deux des pavillons et d'un arrière-corps intermédiaire de cent trente-cinq pieds de longueur. Cette façade s'unit par les nouvelles constructions, à l'ancien bâtiment conservé dans la direction du *couchant*, à l'exposition du *nord*, sur la cour de l'hôpital.

LE côté du plan au *sud* de soixante-quinze toises de longueur sur la rue d'Orléans, devint la seconde façade extérieure, et subordonnée à la première; les pavillons au *sud-est* et *sud-ouest*, deux arrière-corps peu élevés, un plus grand bâtiment en avant-corps d'un seul étage carré, destiné pour l'infirmerie, composent cette façade.

L'INFIRMERIE à l'exposition *sud* et *nord*, d'après les dispositions particulières que prescrit la salubrité de ces sortes d'édifices, est en partie isolée; les bâtimens qui lui tiennent n'ayant qu'un seul rez-de-chaussée.

LE côté sur la rue de la Fontaine, à l'*ouest*, ne consiste que dans les pavillons *sud-ouest* et *ouest-nord* unis par une simple galerie à l'usage des convalescens.

LE côté au *nord*, dans l'intérieur de la Pitié, est dessiné par les deux pavillons *ouest*, *nord* et *nord-est*; par un arrière-corps continu sans ressauts, de soixante toises de longueur, dont l'ancien bâtiment conservé fait partie. Tel est l'ensemble de cette composition.

Le plan que je décris ayant rempli les vues de l'Administration, le Gouvernement en approuva l'exécution qui fut ordonnée aussitôt.

Les premiers travaux commencèrent en 1785, et se prolongèrent jusqu'en 1791, époque à laquelle les constructions nouvelles furent totalement achevées; ce sont les suivantes.

La prolongation de l'ancien bâtiment sur la cour de l'hôpital au *nord*; dans la direction du *levant*; le pavillon *nord-est* sur la rue du Jardin des Plantes, l'arrière-corps et le pavillon *est-sud*; sur la rue d'Orléans, la première aîle au-delà du pavillon *est-sud* qui fait arrière-corps et s'attache au bâtiment des infirmeries dont une seule travée, qui contient un grand escalier, a été exécutée.

Les planches 4 et 5 réunissent ces différentes constructions (1).

J'ai rendu compte de ces travaux importans, dans la seconde partie de mes Principes d'ordonnance et de construction, chapitre des Points d'appui indirects et des fondemens des bâtimens.

La planche 3 présente les moyens variés par lesquels je leur ai procuré des bases solides sur un sol traversé par des fontis d'anciennes carrières et par de mauvais terrains.

SALPETRIÈRE.

L'hopital de la Salpétrière, voisin de celui de la Pitié, est érigé sur les bords de la Seine. Sa vaste enceinte, ses bâtimens considérables, sa nombreuse population, le placent au premier rang, entre tous les hôpitaux de l'Europe.

La Salpétrière, isolée de toute part, a de longueur deux cent quatre-vingts

(1) L'exécution entière du plan général a été suspendue par la révolution.

On commença, en 1794, une partie de bâtiment au *nord*, dans la direction du couchant, qui ne fut élevée que dans la hauteur du rez de-chaussée et du premier étage. L'architecte, auteur de cette opération, est resté inconnu. J'ai terminé ce même bâtiment, avec de grands changemens à l'extérieur et à l'intérieur, tous commandés pour la solidité et l'ordonnance de l'édifice. Cette addition nullement coordonnée avec mon plan général, en a rompu l'ensemble sur le côté du *nord*.

toises; en largeur, cent quatre-vingt-quatorze toises; sa superficie totale cinquante-quatre mille trois cent-vingt toises.

LA façade principale, à l'exposition *nord-est*, a cent cinq toises de longueur.

LA Salpêtrière contenoit, en 1789, sept mille individus; à des époques antérieures, le nombre s'en étoit élevé à huit mille. La population actuelle (1811) est de six mille.

CET hôpital, spécialement destiné pour les femmes, étoit avant la révolution, composé de classes très-différentes, d'âges et d'espèces, d'indigentes. La première et la plus nombreuse, étoit de femmes âgées au-dessus de soixante ans ou infirmes (1); la seconde, de jeunes orphelines; la troisième, d'insensées; la quatrième, la plus foible de toutes, de celle des ménages; la cinquième et dernière classe, totalement distincte des premières, étoit celle des prisonnières.

AUJOURD'HUI, il n'y existe plus que deux classes; des femmes âgées au-dessus de soixante-dix ans, des femmes insensées, et une infirmerie.

L'ORIGINE de la Salpêtrière date du 17e. siècle; il fut fondé par lettres-patentes du mois d'avril 1633, et uni à l'Hôpital général en 1656.

LE célèbre Leveau, l'architecte de la Salpêtrière, en a tracé le plan avec de grandes et belles dispositions; il a donné à ses bâtimens des masses qui, dans leurs élévations, ont un caractère d'ordonnance convenable à ce genre d'édifice, et toutes bien proportionnées entre elles.

LA Salpêtrière a éprouvé le sort de trop d'établissemens publics; les premiers plans ont été dans ses accroissemens successifs, totalement perdus de vue. En effet, dans cet hôpital, des constructions considérables ont été faites jusqu'en 1780, qui n'ont aucune correspondance, aucune liaison avec le beau plan de Leveau.

LES bâtimens des loges, au nombre de ces bâtisses hétérogènes, étoient, en 1784, dans une dégradation totale. Les besoins de l'emploi s'étoient accrus; il

(1) Depuis onze ans, l'on ne reçoit les pauvres à la Salpêtrière ainsi qu'à Bicêtre, que parvenus à l'âge de soixante-dix années accomplies, et au-dessous seulement en cas d'infirmités graves.

fallut construire de nouvelles loges pour contenir six cents individus, folles, et deux grands corps de bâtimens, l'un pour deux cents épileptiques, l'autre, pour cent-cinquante sujets difformes; trois classes qui font partie de cet emploi particulier.

L'ADMINISTRATION de l'Hôpital général me chargea alors de tracer des plans capables de répondre à ces différentes branches de service. Je me livrai sans relâche à la composition d'un établissement pour mille individus, qui seul feroit un grand hôpital, et qui cependant, n'étoit que la septième partie en nombre, de celui total des gens qui habitoient la Salpétrière.

Loges nouvelles.

LE sol sur lequel je devois construire, étoit un marais à l'extrémité de l'enceinte, *sud-est*, peu élevé au-dessus du niveau ordinaire des eaux de la Seine, et par là exposé aux inondations périodiques du fleuve; la position de ce terrain au *levant* et au *midi* avoit une pente très-rapide de l'*ouest* à l'*est*.

DANS ce marais, un corps de bâtiment et quelques loges y avoient été érigés en 1760; la solidité de leurs constructions les fit conserver dans le nouveau plan que j'avois à tracer; circonstance qui ajoutoit encore aux difficultés que m'opposoient le choix du lieu, sa position et sa nature.

POUR vaincre le premier obstacle, l'enfoncement du terrain sur lequel j'allois bâtir, je créai un plateau de cinq mille toises de superficie; je lui donnai quinze pieds de surélévation à l'*est*, et six pieds à l'*ouest;* c'est ainsi que le nouvel établissement fut à l'abri de toute inondation pour l'avenir. Par cet exhaussement je procurai tout à-la-fois une grande chute aux matières dans les égoûts. Onze branches différentes les composent; c'est à leur aide que j'ai pu niveler le terrain entier, et par suite, ériger vingt-quatre masses de bâtimens sur un plan horisontal. Les grandes parties de mon plan eurent les dispositions suivantes.

LA première que je saisis, étoit l'isolement de toutes les masses de bâtimens et de leurs accessoires; idée prise dans les dispositions du plan de l'hôpital près Plimouth, en Angleterre (1).

(1) Le plan de l'hôpital Cochin, par ses trois masses isolées, tient à ce même genre de disposition.

JE dessinai les loges au centre du plateau, les bâtimens des cuisines de l'emploi, côté du *couchant*; ceux des épileptiques, côté du *midi*, et ceux des sujets difformes, côté du *nord*. Ces deux derniers, semblables l'un à l'autre, dans les développemens et l'ordonnance de leurs façades, chacun d'eux ne composant qu'une seule ligne de bâtiment.

LE côté au *levant* resta découvert afin de procurer à l'établissement l'influence favorable de cette exposition, afin aussi, de laisser à l'air atmosphérique la plus libre circulation, et de procurer l'aspect au dehors, du tableau étendu des bords de la Seine et des belles campagnes qu'elle traverse.

JE levai le second obstacle dans la composition de mon plan, celui des bâtimens enfoncés existans sur l'ancien sol que je devais conserver, en les unissant avec les nouvelles loges, par quatre grands perrons de dix-huit pieds de large, c'est ainsi que deux sols si différens de hauteur, ne forment plus qu'un même tout dans les divisions générales du nouveau plan.

LA planche 7 contient les fondemens des loges, ceux des cuisines et des aqueducs ou égoûts; elle fait connoître les dispositions de mon plan et l'espèce de l'union entre les anciennes bâtisses et les nouvelles que je décris ici.

LA même planche présente le dessin de la cuvette en plan et en élévation, qui forme la chute des eaux dans les égoûts; le tampon qui la couvre s'oppose à toutes émanations infectes des matières qui circulent dans l'intérieur (1).

LE plan particulier des loges est en longueur de soixante-seize toises; en largeur, quarante-six toises; la superficie totale, trois mille quatre cent quatre-vingt-seize toises; les loges sont la seule partie du plan général qui ait été exécutée; les constructions commencées en 1786, ont été terminées en 1789. La révolution a mis obstacle à l'exécution des bâtimens des épileptiques et de ceux des sujets difformes.

LA planche 8 réunit les plans et les élévations des cuisines des folles, des magasins qui en dépendent, ainsi qu'une des masses de loges, et la fontaine principale érigée au milieu de la grande cour de tout l'emploi.

(1) Je composai cette espèce de cuvette en 1784. Son effet est certain contre l'infection qui s'exhale de la bouche des égoûts. Je l'ai employée dans plusieurs maisons particulières, avec succès.

LA planche 6 présente le plan, l'élévation et la coupe du manège que j'ai construit pour fournir les nombreuses fontaines qui alimentent les loges.

LA Salpétrière, maison consacrée à des indigentes honnêtes et libres, contenoit comme on le sait, des bâtimens à l'usage particulier d'une prison, dans lesquels étoient renfermées douze cents femmes de quatre classes différentes; de filles publiques, de femmes et de jeunes filles déréglées, de femmes condamnées par jugemens à une perpétuelle réclusion.

LES bâtimens de la prison de la Salpétrière ont été évacués en 1796, et les détenues transférées dans les maisons de St.-Lazare faubourg St.-Denis au *nord* de la ville, et dans celle des Madelonnettes rue du Temple. A dater de cette époque, l'hôpital devint uniquement la demeure de gens libres.

Emploi des Incurables.

LES bâtimens les plus importans de la prison furent convertis et disposés à l'usage des Incurables ou grandes infirmes, les bâtimens accessoires de mauvaises constructions et inutiles furent démolis. Ces divers travaux ont été faits dans les années 1799 et 1800.

LA planche 6 offre le plan de l'avant-cour, l'élévation principale de l'emploi des Incurables, l'un des plus considérables de la Salpétrière.

Des Égoûts dans les cours des ateliers, et de ceux extérieurs.

A l'époque de 1799, les égoûts dans les cours des ateliers au *nord-est* de l'hôpital, écroulèrent en plusieurs points; la reconstruction en fut ordonnée; les travaux commencèrent et continuèrent jusqu'en 1802. Ces égoûts ont été reconstruits en totalité; mais la grande et unique branche à l'extérieur, à laquelle aboutissent les précédens et les divers égoûts intérieurs de l'hôpital, n'a été reconstruite qu'à compter de l'angle du mur d'enceinte vers le *nord*, dans la longueur de vingt-cinq toises en remontant vers le *midi*.

LA planche 7 fait connaître la position de ces divers égoûts; elle contient les plans et les coupes des anciens et des nouveaux qui les ont remplacés. La figure 9, qui est un fragment du plan de ces mêmes égoûts indique la position des piédroits d'un bâtiment ancien qui contient deux cents individus, élevé de plusieurs étages, établi en porte-à-faux, sur le vide des voûtes dont les points d'appui sont désignés par les nos. 6, 7 et 8, motifs de la forte construction que j'ai employée, et que les dessins indiquent.

LE chapitre *des Fondemens*, dans la seconde partie de cet Ouvrage, rend compte de ces constructions souterraines.

Basse-Cour nouvelle.

L'ANCIENNE basse-cour des vacheries, des toits à porcs, qui réunissoit les tueries, étoit établie à l'*est* de l'hôpital, très-voisine des bâtimens de l'emploi des Incurables. L'un des côtés des bâtimens de cette basse-cour au *sud* et *nord*, avoit un premier étage contenant un dortoir de femmes, dont l'air étoit chargé des émanations fétides d'un pareil lieu, sorte de cloaque d'ailleurs par l'enfoncement du sol.

L'ADMINISTRATION qui gouverne les hôpitaux, voulant faire cesser un état de choses si contraire à la salubrité, ordonna en 1808, de convertir les bâtimens de cette basse-cour en habitations utiles et saines; et de suite, la construction d'une nouvelle basse-cour en remplacement de l'ancienne.

LE lieu choisi fut l'angle *nord-est* de l'enceinte de la Salpétrière, sur la rue Poliveau qui conduit à la Seine.

LE plan de cette basse-cour que je traçai, est un parallélogramme à la tête duquel, et sur l'un des petits côtés, sont les bâtimens qui renferment les étables, les bergeries et la tuerie. Ils consistent en deux pavillons et un arrière-corps de treize toises deux pieds sept pouces de front, érigés sur une première cour de vingt-cinq toises un pied de long. A l'extrémité du plan, sont des bâtimens moins élevés que les précédens, adossés au mur de clôture sur la rue Poliveau, ils consistent en un pavillon de chaque côté, dont les arrière-corps en retour d'équerre, forment à leurs extrémités des pans coupés qui s'unissent aux bâtimens du fond; un simple mur à hauteur d'appui de trois pieds, dessine avec eux une cour particulière de quatre toises cinq pieds six pouces de profondeur sur cinq toises trois pieds quatre pouces de largeur.

LE mur de clôture de cette nouvelle basse-cour, côté du *midi*, est érigé dans l'axe de l'ancien ruisseau découvert qui portoit tous les égoûts de l'hôpital dans la rivière des Gobelins à sa chute dans la Seine. Un aqueduc couvert de cent toises de longueur substitué à ce ruisseau fangeux, conduit depuis deux ans directement à la Seine, les immondices quelconques de la Salpétrière.

Buanderie.

LA buanderie dans un hôpital est l'un des services de première utilité ; on conçoit aisément que celle la Salpétrière doit être un établissement important.

L'ANCIENNE buanderie de cette maison avoit été formée successivement, selon l'accroissement progressif de l'hôpital ; et les dépendances en étoient toujours restées au-dessous de ses besoins.

L'ADMINISTRATION qui gouvernoit les hôpitaux en 1797, me chargea de composer les plans d'une buanderie qui réunît toutes les branches particulières qui appartiennent à un grand établissement de ce genre, selon le programme que composèrent MM. Thouret et Cousin, deux de ses membres, à cette époque. La buanderie de la Salpétrière devoit être non-seulement pour son service propre, mais pour plusieurs autres hôpitaux dont la population ensemble eût été de dix mille individus.

LE terrain sur lequel existoit l'ancienne buanderie fut maintenu pour la nouvelle ; et de toutes les constructions premières, un seul corps de bâtiment d'une grande dimension, très-solidement construit, dut être conservé dans le nouveau plan et contenir la coulerie.

JE remplis toutes les conditions que m'imposoit le programme ; mes plans furent acceptés par l'Administration, et l'ordre donné pour leur exécution, par le ministre Bénézeck. Mais les changemens survenus bientôt après dans le ministère, et par suite dans les hôpitaux, ont suspendu jusqu'à ce jour les constructions de la nouvelle buanderie qui seroit de la plus grande utilité pour la Salpétrière. Le conseil général qui régit maintenant les hôpitaux, n'a pu se livrer jusqu'à ce jour, qu'à de simples supplémens aux anciennes bâtisses, ce ne sont que des constructions provisoires.

LA planche 6, déja citée, contient les plans, les élévations des grands corps de bâtimens de la coulerie, des lavoirs, de la savonnerie ; les plans du logement du régisseur, leur élévation, les plans, élévations et coupe du manège.

Des constructions des bâtimens de la Salpétrière.

J'AI dit que le plan général de la Salpétrière, si bien conçu (1) et tracé par le savant architecte Leveau, avoit éprouvé de grandes altérations, depuis l'exécution des premiers bâtimens faits sous le ministère du cardinal Mazarin (2) dans ceux qui ont été successivement érigés jusqu'en 1780, c'est-à-dire, pendant le cours de plus d'un siècle.

LES bâtimens de la grande et principale façade dont le portique de l'église occupe le centre; ceux parallèles aux précédens, et au fond de la première cour, sur la branche de l'église à l'*est*; le bâtiment en retour d'équerre, à l'*ouest* et en arrière-corps du pavillon *nord-ouest* près la branche méridionale de l'église, les nouvelles loges; toutes ces constructions sont d'une solidité complette. Mais l'altération que les bâtimens successivement érigés ont éprouvée dans les belles dispositions du plan, a eu également lieu dans leurs constructions, entre eux, celui d'une grande étendue dit *emploi de la vierge*, à l'exposition *nord* et *sud*, est de la plus foible construction.

UNE remarque à faire sur le pavillon de la grande façade au *nord-ouest*, et sur l'arrière-corps qui s'unit avec le pavillon près le portique de l'église, est la suivante.

CES bâtimens ont été érigés vers le milieu du 18ᵉ. siècle; ils manquoient au complément de cette façade; ils ont été construits en pierre de taille avec la plus grande solidité.

LE bâtiment qui s'attache en arrière-corps, au pavillon *nord-ouest* du fond de la première cour, près le chevet de l'église décrit plus haut; ce bâtiment est

(1) J'ai dessiné le plan général de la Salpétrière avec les grandes divisions du beau plan de Leveau, auxquelles j'ai rattaché les nouvelles constructions que j'y ai faites, et celles qui restent à faire, selon mes dessins, pour son achèvement. Dans le même cadre, mais sur une très-petite échelle, j'ai tracé le plan de Leveau, tel qu'il l'a composé il y a cent soixante ans, et en regard, le plan de cet hôpital tel qu'il étoit en 1780, époque où je devins Architecte de l'Hôpital général.

(2) Le cardinal de Mazarin a fait construire, à ses frais, les deux pavillons de la façade principale et l'arrière-corps, dans la direction de l'*est*, qui leur est intermédiaire. Au milieu est une des entrées principales de l'hôpital; de ce côté, dans l'arcade qui le compose, sont deux belles figures allégoriques qui accompagnoient les armoiries du cardinal, détruites aux tems de la révolution.

resté incomplet jusqu'aujourd'hui ; il sera achevé et terminé par un pavillon au *sud-ouest* à construire, dont j'ai tracé les plans acceptés par l'Administration ; l'ordonnance, la construction seront en tout semblables à son correspondant, le pavillon susdit *ouest-nord*, de l'architecture de Leveau.

L'OBSERVATEUR reconnoît avec intérêt, entre les bâtimens de la Salpêtrière, que ceux érigés par Leveau, sont les plus solides, ainsi que ceux conformes à son plan général.

UNE réflexion se présente à ce sujet ; les bons plans commandent et appellent les bonnes constructions. La Salpêtrière en est un grand et frappant exemple.

LA cause de cette dépendance s'apperçoit aisément. Tout édifice public exige de grandes divisions dans les masses, dans les distributions ; ces données nécessitent une force réelle dans les constructions, et toute autre que celle de la routine qui fait la règle de tous les bâtisseurs de maisons. Ce point essentiel à envisager en architecture, que j'offre ici pour la solidité des bâtimens publics, est trop perdu de vue de nos jours.

BICÊTRE.

BICÈTRE, le plus grand des hôpitaux de la France après celui de la Salpêtrière, et distant de trois mille toises de la capitale au *sud*, est établi sur la côte de Villejuif. Cet hôpital, dans une position élevée, jouit d'un horison étendu et d'une atmosphère très-pure ; sa population en 1789 étoit de quatre mille cinq cents individus y compris les prisonniers ; elle est aujourd'hui de trois mille indigens. La prison n'est plus, comme il y a vingt ans, gouvernée par l'administration des hôpitaux ; elle forme un établissement séparé et soumis à un régime particulier.

LES bâtimens de Bicêtre, ceux qui composent la façade principale au *nord*, ont été érigés en 1633 par Louis XIII ; ils étoient à cette époque, destinés pour la retraite des militaires invalides. Alors, sur ce lieu, existoient encore quelques ruines d'un ancien château gothique dont la gravure a conservé le dessin. L'exécution entière du plan n'eut pas lieu, il est resté imparfait jusqu'à ce jour. Louis XIV ayant fait bâtir le vaste et magnifique Hôtel des Invalides, sur les bords de la Seine, au *couchant* de Paris, ce prince donna Bicêtre à l'administration de l'Hôpital général, pour y recevoir les mendians, les pauvres infirmes et les fous. Cette maison devint pour les hommes ce que la Salpétrière étoit pour les femmes; l'asile des indigens parvenus à soixante ans ou infirmes au-dessous de cet âge.

LE premier plan de Bicêtre avoit été tracé avec des dispositions régulières, symétriques, bien entendues, et de forme parallélogramme. Il a cent cinquante-trois toises sur les grands côtés, et cent vingt-six toises sur les petits côtés; ses dispositions sont les suivantes.

AU *nord*, des avant-cours annoncent la façade principale; sur cet axe existe encore le bâtiment isolé qui, à l'origine de l'établissement, en étoit l'entrée. La superficie totale de ce premier plan étoit de dix-neuf mille quatre cents toises.

LES quatre angles du parallélogramme sont dessinés par des pavillons carrés, égaux en dimensions et semblables en ordonnance; ceux au *nord-est* et au *nord-ouest* font les extrémités de la grande façade, dont la longueur est de cent-cinquante trois toises.

LES deux autres pavillons *sud-est* et *sud-ouest* sont isolés et seulement liés aux murs d'enceinte de l'hôpital. Toutes ces parties ont été construites à l'origine de l'établissement.

LE plan général de Bicêtre a éprouvé, par la suite, de grands changemens au *couchant*, et par l'accroissement de son enceinte, et par les masses nombreuses de bâtimens qu'il renferme aujourd'hui de ce côté, et qui ne sont nullement en concordance avec ceux du premier plan. Les attributions diverses et autres que les premières pour lesquelles ce plan avoit été tracé, converti en un hôpital à l'usage des indigens, de fous, de prisonniers, ont occasionné ces altérations.

IL n'est pas inutile, à cette occasion, d'observer qu'en architecture, comme dans tous les ouvrages d'art, l'on ne peut inpunément rien innover à volonté dans le plan d'un édifice quelconque dont la composition et les distributions sont déterminées et toujours soumises à sa destination. Dédaigner ces lois, les enfreindre, appelle le blâme public.

Puits de Bicêtre.

LE grand puits de Bicêtre justement vanté, est remarquable par ses dimensions extraordinaires, par la source d'eau abondante, considérable qui s'est rencontrée dans son assiette. Des seaux combinés à l'aide d'un cable sans fin, que déroule un manège, mu par vingt-quatre hommes, en élèvent les eaux et les versent dans un immense réservoir d'où un grand nombre de conduits de plomb alimentent tous les emplois de l'hôpital.

LE puits de Bicêtre occupe dans l'enceinte, au *sud-est*, le point le plus élevé du sol dont la pente est rapide dans la direction du *midi* au *nord*. Le diamètre du puits est de quinze pieds, sa profondeur de cent soixante-six pieds. Il a été construit en 1745. Boeffrand, architecte de l'Hôpital général à cette époque, est l'auteur de cette grande fabrique digne dans son exécution de la réputation de cet artiste.

LES plans, les coupes de ce beau puits, sont gravés et recueillis dans l'œuvre de Boeffrand ; ils méritent l'attention des amateurs des grandes constructions en architecture ; ils indiquent les moyens de faire de pareilles constructions là où, comme à Bicêtre, la situation et la nature des édifices publics les rendent nécessaires pour obtenir des eaux en quantité suffisante en l'absence d'une rivière, ou dont on ne peut faire aucun usage ; comme il en est de celle des Gobelins qui traverse la vallée de Gentilly, et à peu de distance de l'hôpital.

Prison de Bicêtre.

LA prison de Bicêtre connue de toute l'Europe, est fameuse par l'espèce et le nombre des détenus qu'elle renferme, qui tous y sont envoyés par jugemens des tribunaux ; cette prison peuple de forçats, en plus grande partie, les bagnes dans les ports de France, où on les conduit par bande de deux et trois cents individus, à diverses époques chaque année ; cette mesure en renouvelle sans cesse les prisonniers.

LA population moyenne de cette prison est de six cents détenus ; elle est inscrite dans l'enceinte de l'hôpital, vers l'*ouest*.

LE plan tout-à-fait distinct et particulier est composé d'une première et principale cour de dix-sept toises sur vingt-deux toises, dessinée par trois corps de bâtimens entiers, et un quatrième corps incomplet sur le côté du *couchant* ; quatre autres cours au *midi*, *couchant*, *nord* et *levant*, dessinées par des murs d'enceinte, forment l'ensemble de ce plan.

LA façade principale de la prison de Bicêtre, est au *levant*, érigée sur la grande cour de l'hôpital ; sa longueur est de cinquante toises.

LES corps de bâtimens sont distribués diversement : ceux au *nord*, au *couchant* et *levant*, subdivisés par des galeries établies au centre, dans tels corps, et sur les faces, dans tels autres, donnent entrée à des cabanons distribués de file ; les bâtimens au *midi* et *couchant* consistent en de vastes pièces dont plusieurs sont voûtées en pierre de taille et d'une forte construction.

Cachots souterrains.

AU milieu de la cour principale de la prison de Bicêtre, existoient huit cachots souterrains, dans lesquels, par commutation de peines, des assassins condamnés à mort, étoient renfermés. Ces sombres et redoutables demeures ont été l'objet de déclamations plus ou moins exagérées, publiées par des écrivains étrangers et français (1).

LE plan général de ces cachots avoit cinq toises sur six toises; à l'extérieur, au-dessus du sol de la cour, une construction composée de dix piliers en pierre de vingt-quatre pouces carrés, en couvroit l'étendue ; c'est entre ces piliers, qu'étoient pratiqués les soupiraux qui seuls aéroient l'intérieur de chaque cachot.

UNE galerie divisoit ce plan en deux parties égales sur la longueur, chacune distribuée en quatre cachots ; une descente de vingt-deux marches conduisoit dans ces souterrains dont l'enfoncement au-dessous du pavé de la cour étoit de onze pieds.

CHAQUE cachot avoit huit pieds carrés, neuf pieds sous la clef de la voûte en plein cintre ; une ventouse dans l'un des angles répondoit aux soupiraux susdits. Toutes les constructions de ces demeures du crime, étoient faites en pierre de taille et de la plus grande solidité.

LES huit cachots de la prison de Bicêtre ont été démolis en 1788, par ordre de l'Administration de l'Hôpital général, sous ma direction. Elle ordonna de suite la construction des cabanons de sûreté en remplacement de ces cachots, pour recevoir les grands coupables (2).

(1) J'ai cité un passage du docteur John Howard, anglais, sur ces cachots, dans le chapitre *De l'impuissance des mathématiques*, 2e. partie de mon Ouvrage, pag. 40.

(2) Le même chapitre *De l'impuissance des*

Je choisis pour ce nouvel établissement, le corps de bâtiment en arrière-corps de dix-huit toises de longueur au levant à l'extrémité vers le *nord*, de la façade principale de la prison sur la cour de l'hôpital, et pour obtenir la hauteur nécessaire aux cabanons de sûreté, à construire, les étages de ce bâtiment n'ayant que huit pieds, et le sol étant plus bas que le pavé de la cour, j'embrassai le rez-de-chaussée et le premier étage ; j'inscrivis mon plan entre le mur de face et celui de refend, qui distribue ce même bâtiment sur sa profondeur.

La planche 8 contient le plan et la coupe des cabanons de sûreté ; elle en fait connoître la distribution, les formes, les dimensions particulières et les constructions.

Voici le compte qui a été rendu à l'assemblée constituante, sur les mêmes cabanons de sûreté.

« On a pratiqué depuis trois ou quatre ans, dans une partie de bâtimens de « la force de Bicêtre, huit cachots nouveaux qui paroissent réunir à la sûreté « desirable pour ces sortes de lieux, toute la salubrité dont ils sont susceptibles (1). »

Grand Égoût de Bicêtre.

Les deux branches principales de service d'un établissement qui rassemble beaucoup d'individus, sont les puits et les égoûts ; les premiers pour lui fournir toute l'eau nécessaire ; les seconds pour en évacuer les immondices de toute nature.

L'hopital de Bicêtre, à son origine, vers la fin du dix-septième siècle, foible

mathématiques donne des détails sur la nature des constructions que j'ai faites sous les rapports de la salubrité et de la solidité de ces mêmes cabanons.

(1) Rapport fait au nom du Comité de mendicité, pag 53. Paris, de l'imprimerie nationale, 1790.

A cette époque, les cachots souterrains n'existoient plus ; les nouveaux qui les avoient remplacés recevoient les prisonniers.

Lorsque je démolis, à la fin de 1788, les cachots noirs de Bicêtre, je conservai les piliers extérieurs qui couvroient l'espace qu'ils occupoient sous terre, et sous le comble desquels étoit établie une chapelle fermée de simples vitraux dans son pourtour.

Ces piliers et la chapelle furent renversés en 1792, après la fameuse journée du 10 août.

Cette opération a été faite par un architecte chargé spécialement des bâtimens des prisons, à l'époque de la création du département de Paris, en 1790, direction qu'il a conservée jusqu'en 1797. Alors, je redevins, comme avant la révolution, architecte de la prison de Bicêtre, sans avoir cessé d'être chargé de la direction des bâtimens de l'Hôpital.

en nombre d'habitans, eut pour le premier de ces services deux puits, l'un ouvert et placé au *sud-est*, l'autre établi au *sud-ouest*, de son enceinte.

QUANT au second service, les latrines avoient leurs fosses d'aisances; les vidanges des eaux ordinaires s'épanchoient au dehors, par la pente naturelle du lieu; issue d'autant plus facile que la grande route de Paris, qui aujourd'hui est située au *levant*, étoit alors au *couchant* de l'hôpital.

L'HOPITAL de Bicêtre s'accrut beaucoup dans les premières années du dix-huitième siècle, par la construction de la prison, et par celle du corps de bâtiment des épileptiques près l'emploi des fous, dit encore, après plus de soixante ans, le *bâtiment neuf*.

L'ÉPOQUE de cet accroissement est celle où M. Boeffrand devint architecte de l'Hôpital général. Cet artiste savant fut chargé de procurer à Bicêtre l'eau en quantité suffisante, et de faire les égoûts nécessaires qui lui manquoient.

L'ÉLOIGNEMENT dans lequel se trouve cet hôpital, d'une grande rivière, rendoit très-difficile l'exécution d'un égoût capable de remplir ce genre de service.

D'ABORD, Boeffrand conçut et exécuta le grand puits décrit précédemment, qui fournit, comme il n'a cessé de le faire jusqu'à ce jour, toute l'eau desirable, quoique la population de Bicêtre se soit élevée à quatre mille cinq cents individus.

LE même architecte, après avoir étudié la situation du lieu dont le sol, comme on le sait, a une très-grande pente du *midi* au *nord*, reconnut la possibilité de construire des aqueducs souterrains qui en traverseroient les cours, et se réuniroient au dehors de l'enceinte, à ciel découvert, en une seule branche, et porteroit les vidanges, celles des latrines mêmes, dans un puisard qui seroit établi au *couchaut* sur le revers de la côte de Gentilly.

CETTE heureuse conception fut accueillie de l'autorité. Ces aqueducs et le puisard furent construits; et pendant un certain nombre d'années, le service des égoûts ne fut point interrompu.

CES vidanges considérables, puisqu'elles réunissoient les eaux pluviales qui tombent sur la superficie entière de Bicètre, de plus de vingt-cinq arpens distribués en cours et en bâtimens, les eaux des cuisines, des bains, des buanderies, et les matières des fosses d'aisance; ces vidanges, dès 1775, n'étoient plus absorbées qu'en partie dans le puisard construit par Boeffrand. Déja à cette époque, ce premier puisard refluoit dans les chemins voisins, des eaux infectes et corrompues, qui ensuite se jetoient dans la petite rivière de Bièvre, dite des *Gobelins*, à la sortie du village de Gentilly. De là, des dépôts encombroient cette rivière et nécessitoient des curages dispendieux. Enfin, le puisard refusa tout service; alors les versemens de matières furent complets, et les inconvéniens les plus graves en résultèrent. L'air atmosphérique de tout le canton fut altéré, sur-tout dans les chaleurs de l'été; les lieux habités, près desquels ces eaux fangeuses prenoient leur cours, en souffrirent davantage, ce qui éleva des plaintes de tous les propriétaires, auxquels se réunirent les habitans de Gentilly.

Un état de choses si nuisible au public et à l'hôpital lui-même, par la proximité de la bouche de l'égoût, détermina d'abord l'Administration de l'Hôpital général à apporter un prompt remède provisoire, celui de la construction d'une digue pour contenir les dépôts; elle arrêta en même tems qu'un égoût d'une vaste étendue seroit construit, qui par la nature de ses distributions fourniroit à l'avenir, sans interruption, à toutes les vidanges que Bicêtre produit.

Alors, en 1780, époque où je devins architecte de l'Hôpital général, une foule de projets différens fut présentée au Gouvernement, pour la construction de ce grand égoût. Le plus simple d'entre eux comme le seul digne d'être cité, étoit celui d'un aqueduc souterrain qui auroit conduit à la Seine, les eaux et les matières quelconques de Bicêtre. Mais la longueur de trois mille toises d'une voûte à construire avec la plus grande solidité; les difficultés à vaincre par la rencontre d'un sol de carrières fouillées en grande partie, de Bicêtre à la rivière; la traversée à faire de cet aqueduc, sous trois grandes routes, celles de Fontainebleau, de Vitry et d'Ivry. Le redoutable service du nétoiement d'un pareil égoût, ses entretiens, toutes ces causes réunies encore à celle d'une dépense de trois millions à faire pour son exécution (1), fit abandonner ce projet.

L'Administration de l'Hôpital général, après avoir mûrement réfléchi sur le genre d'édifice qui seroit le plus approprié aux lieux, pour un service aussi essentiel que celui d'un égoût unique d'une sorte de ville, un hôpital dont la population s'élevoit à quatre mille cinq cents individus, fit, en 1783, acquisition de six

(1) Dans cette somme, qui comprend les constructions extraordinaires qu'auroient nécessitées le vide des carrières, et les autres accidens à redouter des diversités du sol à parcourir, dans cette somme le prix de la toise courante n'est porté qu'à mille francs.

carrières en pleine exploitation, distantes de trois cents toises et au *nord* de Bicêtre, dans la plaine de Gentilly; elle me chargea de lui tracer des plans dans ces vastes souterrains. Les conditions que je devois remplir pour arriver aux fins de l'établissement étoient les suivantes.

OPÉRER par la nature des constructions extérieures la division des matières quelconques que les eaux des aqueducs de l'hôpital charient avec elles. Assurer l'absorption complette de ces eaux dans les galeries à construire dans les carrières.

PROCURER un renouvellement facile à l'air intérieur dans ces souterrains.

FAIRE les constructions extérieures et intérieures de la solidité la plus complette; les premiers, à raison des dégradations auxquelles elles étoient exposées par les dépôts de matières corrosives qu'elles devoient contenir; les secondes, à cause de leur double fonction; l'une, celle de soutenir la charge de soixante pieds de masses de terres au-dessus du sol des carrières, dont les ciels étoient en plus grande partie rompus; l'autre fonction, celle de résister à l'action des eaux qui lors des pluies continuelles, et sur-tout lors des orages, devoient circuler avec abondance dans l'universalité des galeries.

TEL étoit le lieu choisi, telles étoient les données des plans à tracer du grand égoût de Bicêtre.

JE me livrai aussitôt à l'étude la plus sérieuse pour la composition de ces plans pour lesquels je n'avois aucun modèle à consulter; plans d'ailleurs d'une exécution difficile, et par la nature de leurs constructions, et par les lieux où elles devoient s'ériger; les carrières que j'avois à distribuer étoient divisées, l'une, celle qui devoit servir de bouche à l'égoût, des autres, par un grand étau de masse de pierre de bancs différens.

TANT de difficultés à vaincre, tant de conditions diverses à concilier, accrurent mon desir du succès; je composai des plans qui furent acceptés par l'Administration, autorisés par le Gouvernement, et que de suite j'exécutai. Les descriptions suivantes vont en faire connoître les parties principales.

LE grand égoût de Bicêtre a deux plans différens; l'un extérieur; l'autre, intérieur. Sa position est au *nord* de l'hôpital, et son enceinte éloignée de toute habitation.

Le plan extérieur commence à l'angle aigu que forment les murs de clôture ; point de réunion des deux grandes branches d'aqueducs découvertes au dehors, qui reçoivent dans les directions de l'*est* et de l'*ouest* toutes celles des aqueducs intérieurs.

Plans et Constructions extérieures.

Le plan de cette partie de l'égoût consiste en un chenal découvert, de deux cents toises de longueur, à compter des murs susdits, jusqu'à l'enceinte où sont établis les deux bassins et la bouche de l'égoût ; ce chenal a six toises de largeur y compris les berges et les fossés qui le bordent ; sur lui, trois ponts sont établis et répondent à un même nombre de chemins qu'il traverse dans sa course.

L'enceinte des bassins est un parallélogramme, sur l'un des petits côtés duquel, celui du *nord*, est décrit un demi-cercle de onze toises et demie de rayon ; cette enceinte a vingt-neuf toises de largeur, et la longueur totale, quarante-cinq toises trois pieds, la partie circulaire comprise.

Sur le côté opposé au précédent et au *midi*, dans le même axe, est un pont sous lequel les eaux du chenal passent et arrivent sans interruption, jour et nuit, de l'hôpital dans les bassins.

Deux pavillons érigés sur le même côté, aux angles *est* et *sud*, *sud* et *ouest*, servent de magasins pour les outils nécessaires à l'extraction des matières recueillies dans les bassins.

Une terrasse de dix-huit pieds de large et de niveau avec le sol des champs, le même que celui du chenal, règne dans l'intérieur, au pourtour des murs de clôture ; dans un plan de douze pieds plus bas, sont les deux bassins et la bouche de l'égoût, plan où conduisent deux rampes, l'une à l'*est*, l'autre à l'*ouest*.

Sur ce nouveau sol enfoncé, un premier déversoir adhérent au pont susdit, s'attache en s'évasant au premier des bassins ; le diamètre de chacun est de quarante-huit pieds ; la profondeur de six pieds ; un mur de refend construit en pierre, de deux pieds d'épaisseur, divise ces bassins en deux sections égales dans toute leur longueur. Le premier bassin est plus élevé que le second, et celui-ci domine la bouche de l'égoût ; des déversoirs particuliers, un à chaque section des bassins, et de quatre pieds de hauteur au-dessus de leur fond respectif, les divisent l'un de l'autre; c'est à l'aide de ces dispositions que les matières abondantes, dont les eaux de l'hôpital sont chargées et qu'elles charient, se déposent en partie dans le premier bassin, se déchargent entièrement dans le second, en sorte que les mêmes eaux se précipitent clarifiées dans l'égout, où, pour arriver, elles parcourent un second déversoir, qui au contraire de celui à la tête du pont, est d'une moindre largeur à son extrémité, qu'il ne l'est vers le bassin qui y verse ses eaux.

DEUX vannes, dont une seule alternativement reste ouverte, sont établies sur le premier bassin dont le plan est le plus élevé du côté du pont.

TELLES sont les constructions extérieures du grand égoût de Bicêtre; les dispositions particulières du plan que je décris, remplissent complettement, la première des conditions, celle de la division des matières des eaux qui les divisent (1).

UNE plantation d'arbres encadre les murs de l'enceinte, ainsi que deux tours octogones qui, renferment des escaliers, l'une au *levant*, l'autre au *couchant*, érigées dans la plaine, et qui conduisent dans les galeries souterraines.

Plans et Constructions intérieures.

CE monument extraordinaire en architecture, l'emporte de beaucoup par l'étendue de son plan intérieur et la nature de ses constructions, sur celles à l'extérieur; les constructions souterraines d'ailleurs, ont éprouvé dans l'exécution de grandes difficultés qu'il a fallu vaincre, pour obtenir toutes les issues nécessaires aux eaux à recevoir, et procurer la solidité qu'exigeoient de pareils travaux; des ciels rompus, des cloches, des fontis, effrayoient les travailleurs.

AILLEURS, de doubles carrières à vingt pieds au-dessous du sol des premières, exploitées en onze pieds de hauteur, situées dans le plan du cône, multiplièrent les obstacles; néanmoins, au milieu de ces difficultés diverses, j'ai été assez heureux dans le cours des travaux, pour garantir de tout accident les ouvriers, en les dirigeant moi-même, dans les points périlleux.

LE plan de l'égoût a été tracé, comme on le sait, dans des carrières, en

(1) La vidange des bassins se fait deux fois chaque année. Le cube de matières que l'on extrait, est de soixante toises cubes environ, qui, converties en poudrette, sont employées à l'engrais des terres.

pleine exploitation, à l'époque où je commençai mes opérations (en 1784); l'on sait aussi que leur sol est à soixante pieds au-dessous de celui des champs.

LA bouche de l'égoût est un cône tronqué de douze pieds d'ouverture à son sommet et de vingt-quatre pieds à sa base établie à quarante-huit pieds de bas, où une voûte renversée construite en grès, n'ayant d'autre adhérence aux murs environnans qu'une simple engravure, est indépendante, dans son appareil, des assises horisontales des murs du cône; cette voûte reçoit la chute des eaux et leur sert de déversoir; là, s'attache le col de l'aqueduc souterrain dont le diamètre est de quinze pieds.

CET aqueduc, à compter du cône, a seize toises trois pieds de longueur, réduit à douze pieds de largeur, au point où il se divise en deux branches différentes, de six pieds chacune de largeur et de dix toises de longueur, jusqu'à leur union avec les galeries de l'égoût.

LA galerie principale qui dessine le pourtour du plan général, a trois cent vingt toises de développement. La seconde galerie dans l'axe du plan de ces souterrains a cent quinze toises y compris l'aqueduc; six autres galeries dans des directions différentes et inégales en étendue complettent les distributions; les dimensions en largeur et les plus foibles en hauteur de ces diverses galeries, sont de six pieds.

UN puits de six pieds de diamètre et de quarante pieds de profondeur, sous le sol des carrières, c'est-à-dire, cent pieds au-dessous du sol des champs, reçoit les eaux qui circulent dans l'égoût où elles sont dirigées par des rigoles. Ce puits est construit dans une suite non interrompue de bancs de pierre de différentes espèces, et où affluent des sources abondantes avec lesquelles se réunissent les eaux clarifiées de l'égoût. La partie où existe ce puits, est un carrefour où aboutissent trois galeries. Le mauvais état des ciels, la grandeur de l'espace, onze pieds, le poids de soixante pieds de hauteur de terres à soutenir, commandoient la composition d'un plan dont les masses et la nature des constructions procurassent la solidité la plus complette. J'érigeai à cette fin, sur trois pans coupés, trois forts arcs-doubleaux ogifs, dont la tête sur les galeries est verticale, qui, sur le carrefour, forment des panaches; c'est au-dessus de ces larges bases que s'élève jusqu'à onze pieds plus haut que le sol des champs, une ventouse de quatre pieds de diamètre.

INDÉPENDAMMENT de ce même puits, et pour opérer une absorption complette de toutes les eaux, je construisis quinze larges tranchées en voûtes ogives, plus ou moins distantes entre elles, et dont une occupe le point le plus éloigné des galeries; la profondeur de ces tranchées reste inconnue; des rigoles pareilles à celles qui conduisent les eaux au puits, facilitent d'autant plus la chute des eaux sous ces voûtes.

CES combinaisons différentes, ces constructions pratiquées dans les distributions de l'égoût, procurent l'absorption entière des eaux qu'il falloit obtenir, et dont la preuve sera bientôt produite.

LES deux escaliers qui conduisent dans l'intérieur de l'égoût, dont le plan est octogone à l'extérieur, sont couronnés par une corniche et une voûte; leur plan circulaire dans l'intérieur, a six pieds de diamètre; les marches en pierre, au nombre de quatre-vingt-dix-neuf, portent leurs limons en spirale; ils sont placés à des points très-distans l'un de l'autre, et servent tout à-la-fois de ventouses. Cinq autres tours aussi de quatre, cinq et six pieds circulaires en plan, toutes de hauteur différente, sont les aspirateurs qui renouvellent avec une grande activité l'air intérieur des galeries.

PLUSIEURS chapitres de mon Traité d'architecture rendent compte des parties de constructions les plus importantes de l'égoût de Bicêtre, et entre eux, le chapitre des *Fondemens*, celui *des Points d'appui indirects.*

LES travaux de l'égoût ont commencé en mai 1784; leur achèvement complet a eu lieu en juin 1789; et au mois de novembre suivant, les vidanges de toutes les natures, de Bicêtre, sont arrivées dans le nouvel égoût.

LA dépense totale des travaux n'a pas excédé quatre cents mille francs.

LA description que je donne, est fidèle dans toutes ses parties et conforme aux dessins variés et nombreux que j'ai tracés de ce monument capable par son objet et son utilité réelle, d'intéresser l'administrateur de la chose publique et l'ami des arts (1).

(1) Je possède deux modèles en plâtre, que j'ai fait faire, l'un sur une très-petite échelle, qui embrasse l'universalité des galeries souterraines, et en offre toutes les constructions; l'autre modèle, sur une plus grande échelle, ne comprend que les plans extérieurs de l'enceinte, les bassins, le cône et l'aqueduc intérieur jusqu'à sa rencontre avec les galeries de l'égoût; l'on y distingue le genre et l'espèce des diverses constructions, et leur appareil. Un dessin de vingt-deux pouces sur seize, renferme tous les plans, les élévations, et les coupes du monument. Il est destiné à être un jour livré à la gravure.

De l'état des Constructions intérieures de l'Egoût, en 1811.

Le service de l'égoût de Bicêtre depuis son origine, novembre 1789, jusqu'à ce jour, après vingt-deux années révolues, n'a éprouvé aucun obstacle; l'on connoît les diverses conditions que le succès de cette grande opération imposoit dans son exécution; aujourd'hui, la visite qui vient d'être faite dans les galeries souterraines a démontré que toutes ces conditions étoient remplies (1).

Les reconnoissances suivantes ont été faites.

Il n'existe aucune eau stagnante dans les galeries; toutes celles qui y arrivent se précipitent dans les profondes cavités décrites plus haut, pratiquées dans les nombreux bancs de pierre qui composent la côte de Gentilly.

Les eaux, lors des orages, sont si considérables, qu'elles s'élèvent dans la hauteur totale des galeries, ainsi que le prouvent les traces qu'elles ont laissées sur les ciels, et cependant elles ont disparu.

Les torrens à l'extérieur, produits par les orages, s'élèvent alors au-dessus des bassins, leur enlèvent une partie des dépôts, les entraînent dans l'égoût où ils s'arrêtent dans les parties voisines de la bouche. Là, après la retraite des eaux, les matières se dessèchent et se détachent par mottes compactes, s'enlèvent aisément, et peuvent être entoisées comme la pierre en moellons. L'épaisseur moyenne de ces dépôts, de zéro à trente pouces, est de quinze pouces, ce qui donne pour chaque année environ quinze lignes d'épaisseur de ces matières, dans les parties seulement désignées.

Ces dépôts accidentels seront désormais enlevés successivement par le fermier de la poudrette récoltée dans les bassins de l'enceinte extérieure. De la sorte, les galeries seront maintenues à toujours dans un état complet de propreté.

L'on juge aisément, d'après la dessication qui s'opère de celles des matières qui se rencontrent dans l'intérieur de l'égoût, combien, ainsi que je l'ai dit plus

(1) Cette visite a eu lieu le 21 octobre; elle est la première qui ait été faite depuis 1789. Nous circulâmes dans les souterrains douze personnes réunies, parmi lesquelles étoient plusieurs architectes du Gouvernement; nous y restâmes plus d'une heure, accompagnant l'un des membres de l'Administration des hôpitaux, chargé spécialement de la maison de Bicêtre.

haut, l'air s'y renouvelle aisément; l'on n'y éprouve aucune gêne dans la respiration.

LES piles qui distribuent et sont les soutiens des immenses galeries dont le développement commun est de plus de six cents toises, se maintiennent toutes dans un parfait état de solidité; elles n'ont éprouvé aucune altération; nul affaissement, nulles lésardes ne s'y manifestent, et cependant, quels efforts ces piles n'ont-elles pas à opposer à l'action des eaux lorsqu'elles occupent la hauteur totale des galeries!

L'EXPÉRIENCE des vingt-deux années de service du grand égoût de Bicêtre en promet la durée pour toujours; service sans lequel cet hôpital ne pourroit exister sur le lieu élevé qu'il occupe. La reconnoissance faite des souterrains atteste la sagesse des mesures prises par l'autorité qui a ordonné l'exécution de ces travaux; cette reconnoissance a aussi un intérêt particulier pour l'Administration qui gouverne aujourd'hui les hôpitaux de la capitale, car elle fait tout pour améliorer les différentes branches de service, et maintenir ceux qui sont de première utilité.

Des Matériaux employés dans la construction de l'Egoût.

L'EMPLOI des matériaux, le choix de leur nature, de leur espèce, devoient influer beaucoup sur la solidité et la durée des constructions. Il falloit des pierres des meilleures qualités et les plus fortes; il falloit mettre en œuvre dans les parties principales au dehors et au dedans de l'édifice, des matières qui ne fussent point calcaires; et après elles, celles les moins soumises à la décomposition, par les élémens de leurs couches, et qui seroient également exposées à l'action des sels corrosifs des matières des aqueducs de Bicêtre.

CET emploi, ce choix fixèrent mon attention; j'adoptai le grès et le moellon de meulière qui ne sont pas calcaires; j'admis celui des bancs de roche de Châtillon, que des essais me prouvèrent résister davantage à la décomposition contre les atteintes des matières les plus destructives. Ces matériaux furent employés dans les constructions de première classe.

QUANT aux constructions secondaires, je n'y ai mis en œuvre que les pierres du canton, et celles que les carrières où je bâtissois pouvoient me procurer.

JE donnerai ici l'état seulement des quantités des pierres achetées au dehors; ce sont les suivantes :

PIERRE des carrières du canton	5.220 pieds cubes.
PIERRE de roche de Châtillon	36.808 pieds cubes.
GRÈS (1).	15.390 pieds cubes.

MOELLONS de meulière	374 toises cubes.
MOELLONS blancs	56 toises cubes.

LES pierres de taille de toutes sortes de bancs, les moellons exploités dans les carrières de l'égoût, tous matériaux employés dans les piles qui fortifient les grands massifs intermédiaires aux galeries, forment un cube beaucoup plus considérable que celui des pierres de grès, de roche, de meulière et de moellons blancs extraits des autres cantons.

HOSPICE DE LA MATERNITÉ.

L'HOSPICE de la Maternité est composé de deux sections différentes, l'accouchement et l'allaitement; la première établie dans l'ancien noviciat des Oratoriens rue d'Enfer; la seconde, rue de la Bourbe, dans le couvent de l'abbaye de Port-Royal; l'une et l'autre divisées seulement par la voie publique, et situées au *sud* de la capitale, faubourg St.-Jacques.

CET établissement nouveau date de 1795, époque de nos plus grandes crises révolutionnaires. Il fut d'abord placé à l'abbaye du Val-de-Grâce, qui, par la capacité de ses bâtimens, devoit contenir les deux sections. Je fis dans le cours de six mois de grands travaux pour le classement de ce nouvel hôpital, au Val-de-Grâce. Déja la section de l'allaitement y étoit en activité; mais bientôt il fallut abandonner cette belle et vaste maison qui fut convertie dès-lors en un hôpital militaire, auquel mes constructions ont heureusement été utiles, et qui en jouit encore. Alors, le Gouvernement substitua au Val-de-Grâce, pour le service de l'hospice de la Maternité, les deux maisons conventuelles susdites.

(1) Le morceau de pierre de grès qui verse les eaux dans l'égoût, a sept pieds de longueur, cinq pieds de largeur, et deux pieds de hauteur. Il a été produit par les roches de Fontainebleau. Ce morceau de soixante-dix pieds cubes, du poids de treize à quatorze milliers, a été voituré par terre à l'égoût.

Section de l'Accouchement.

L'ENTRÉE de cet hôpital est sur la rue d'Enfer, au *levant.* Une première et grande cour a pour fond un corps de bâtiment principal ; en retour d'équerre, au *nord*, l'ancienne église de l'Oratoire ; sur le côté du *midi*, règne une aile peu élevée, qui, avec le corps-de-logis sur la rue et d'égale hauteur, dessine cette même première et principale cour ; une avant-cour sur le portail côté de la rue d'Enfer ; une autre cour au *nord* de l'église ; une quatrième cour au *midi*, et un jardin d'une vaste étendue ; au-delà du bâtiment du fond au *couchant*, composent le plan général de l'hôpital.

LES travaux les plus importans faits dans la maison d'accouchement, sont : un amphithéâtre et un réfectoire, au rez-de-chaussée de l'église, et dans les étages supérieurs, l'infirmerie de l'hôpital.

LA longueur totale de l'ancienne église qui renferme aujourd'hui ces différentes distributions, a quatre-vingt-dix pieds de longueur ; la largeur dans œuvre est de trente pieds dix pouces.

LE plan du réfectoire est composé de quatre colonnes isolées à la manière des salles de Palladio, dite *Atrio*, de quatre colonnes (1).

LE plan de l'amphithéâtre consiste en un demi-cercle appuyé dans son axe, sur deux avant-corps, et adossé au mur du portail ; un vestibule éclairé par l'ancienne porte de ce côté de l'église, au *levant*, y donne entrée. Deux escaliers circulaires conduisent aux gradins les plus élevés ; une estrade ensuite, sur laquelle est la table de démonstration ; le siége du professeur sur l'axe, a pour fond le mur de refend qui sépare le réfectoire de l'amphithéâtre.

L'OPÉRATION la plus remarquable après les précédentes, consiste dans la réfection totale de la façade du grand corps de bâtiment sur le jardin, exécutée en 1806, et soumise à une ordonnance nouvelle que j'ai tracée et dirigée (2).

LA planche 8 donne le dessin de l'armature que j'ai composée pour la

(1) *I quattro libri dell' architectura di Andrea Palladio, libr. secondo, cap. V, p.* 27 *et* 28. *In Venetia*, 1570.

(2) Cette façade est gravée dans la collection des plans des divers hôpitaux. Opération intéressante qui se poursuit.

construction des deuxième et troisième planchers des infirmeries, dans l'église, moyen sans lequel ils étoient inexécutables, à raison de leur largeur de trente pieds dix pouces (1); d'ailleurs, nuls points d'appui intermédiaires aux murs de face ne devant avoir lieu à ces mêmes étages supérieurs, distribués et chargés par de nombreuses cloisons.

J'AI rendu compte de cette espèce nouvelle d'armature de charpente, dans mon chapitre de la *Solidité des bâtimens*, p. 41, et de différentes autres parties de constructions que j'ai faites dans cet hôpital.

Section de l'Allaitement.

L'ABBAYE de Port-Royal, plus étendue que la maison de l'institut de l'Oratoire, et dans ses bâtimens et dans ses jardins, n'est digne d'attention dans ses constructions, que par son église, ouvrage de l'habile architecte Le Pôtre (2).

L'ENTRÉE de l'hôpital est au *nord* sur la rue de la Bourbe; le frontispice de l'église sert, avec l'ancien chœur des religieuses, de fond à la cour d'entrée; au-delà, est le cloître fermé par des bâtimens irréguliers, distribués au rez-de-chaussée sur trois des côtés, par des galeries; un avant-corps adhérent à l'église, un arrière-corps, l'ancien chœur font le quatrième côté de ce cloître.

SUR les jardins, au *levant* et *couchant*, une aîle de bâtiment isolée divise les basses cours du parterre, et fait équerre sur la grande façade au *midi*.

LES travaux faits dans cette ancienne maison conventuelle ont consisté principalement en d'utiles démolitions de vieilles bâtisses cumulées sans ordre, construites sans solidité comme sans goût, et nuisibles au service de l'hôpital.

LES constructions nouvelles et les plus considérables sont les restaurations générales faites à toutes les façades extérieures, même celles du joli portail de l'église qui étoient dans une dégradation complette.

UN seul pavillon à l'*est*, sur les cours, a été reconstruit; la planche 8 en donne le dessin.

(1) J'ai consolidé récemment, à l'hospice des Incurables, hommes, une poutre de trente pieds dans œuvre de longueur, par un même genre d'armature.

(2) Le Pôtre a publié dans son œuvre, par la gravure, les plans, les élévations, et les coupes de ce petit temple digne des regards des amateurs de la bonne architecture.

LE chapitre *de la Construction des édifices sans l'emploi du fer*, p. 46, rend compte de la construction des plates-bandes de ce pavillon, ainsi que de celles des baies de croisées de cinq pieds de large, dans la ci-devant église, section de l'accouchement, construites en un seul morceau à la manière des anciens.

L'ÉGLISE de Port-Royal, conservée à l'usage du culte, renferme la statue de St. Vincent de Paule, fondateur de l'hôpital des Enfans-Trouvés, sous le règne de Louis XIII (1).

L'AUTEL principal, dans le sanctuaire, est celui que j'érigeai en 1780, dans la chapelle de l'hôpital Cochin, et qui fut supprimé en 1793.

HOPITAL DES VÉNÉRIENS.

L'HOPITAL des vénériens, établi, il y a vingt-cinq ans, dans l'ancien couvent des Capucins, faubourg St.-Jacques, est assez important dans l'ensemble de ses bâtimens, mais il n'offre rien d'intéressant ni dans le plan général, ni dans aucune de ses constructions, sous les rapports de l'art.

CET hôpital renferme trois classes de malades; les deux premières, celle des hommes et des femmes; la troisième, celle des nourrices et des enfans gâtés qu'elles allaitent, et dont le traitement des unes opère tout à-la-fois celui des autres. La population totale de la maison des vénériens est de six cents individus.

J'AI rendu compte dans mon chapitre *des Fondemens des bâtimens*, de la construction d'un mur de clôture qui, sur la rue de la Santé, fait partie de l'enceinte de l'hôpital. J'ai cité ce simple mur à raison du vide des carrières qu'il traverse dans une grande largeur (cinquante-un pieds), circonstance qui a exigé l'application de moyens de solidité, particuliers et nouveaux, que j'ai employés.

LA planche 8 contient ce fragment de construction en plan et élévation.

(1) Le statuaire habile, auteur de cette figure, est M. Stouf, membre de l'ancienne Académie royale de peinture et sculpture, et professeur des Écoles spéciales des beaux-arts.

MONT-DE-PIÉTÉ, Chef-Lieu.

Ce grand établissement, situé dans le quartier du Marais, est une propriété de l'Hôpital général; ses constructions comptent deux époques; la première de celles faites sur la rue des Blancs-Manteaux, en 1777, et terminées en 1779; la seconde époque, des constructions que j'ai exécutées sur la rue de Paradis, commencées en 1784, et terminées en 1789.

Les premiers bâtimens, par la hauteur invariable de leurs planchers, par le nombre des étages qu'ils réunissent, et encore, par le défaut de parallélisme entre les alignemens des deux rues, et par l'inclinaison obligée de la façade à construire, toutes ces données m'opposèrent de grands obstacles dans la composition de mes plans et de mes nouvelles façades.

La nature des bâtimens du Mont-de-Piété, leur étendue, leur hauteur, les vastes distributions des magasins, le poids considérable que portent les planchers, ont déterminé le genre des constructions fortes et solides que j'ai adopté.

Toutes les élévations sont faites en pierre de taille.

La salle de vente est en pierre dure, fine, et d'un appareil régulier; toutes les assises sont réglées dans le corps entier de l'édifice; la voûte sphérique de trente pieds de diamètre, est en pierre de Conflans banc royal.

Le plan général du Mont-de-Piété est distribué par deux cours principales de huit toises de largeur, sur dix toises deux pieds de longueur; par une troisième qui est celle de la salle de vente, et une quatrième, la plus petite, qui occupe un point opposé à la précédente.

La façade sur la rue de Paradis a trente-quatre toises; la superficie totale de l'établissement est de six cents toises.

Le chapitre dans mon *Traité d'Architecture : des Fondemens des bâtimens*, rend compte des procédés divers que j'ai employés pour procurer aux fondemens du Mont-de-Piété la plus grande solidité, et défendre, comme il est arrivé, les façades et tous les corps des nouveaux bâtimens, d'aucunes ruptures à leurs jonctions

F

avec les anciens; j'ai tout fait pour obtenir cet avantage. Plusieurs autres chapitres traitent de cet édifice important.

LES planches, au nombre de dix, à compter depuis le n°. 9, jusques et compris le n°. 18, offrent les plans particuliers, les élévations, les coupes et les profils de toutes les parties principales des bâtimens que j'ai construits; les détails des armatures des plates-bandes du vestibule sont tracés dans la planche n°. 8.

SUCCURSALE, *rue des Petits-Augustins*, *faubourg St.-Germain.*

JE ne donnerai qu'une notice succincte de cette succursale, quoique les constructions en soient devenues d'une certaine importance, par suite de l'état de foiblesse des anciens bâtimens où elle dut être établie.

CETTE nouvelle branche du Mont-de-Piété consiste en deux hôtels réunis ensemble aujourd'hui, de treize toises de front, qui renferment les bureaux et les magasins; les travaux ont été exécutés en 1808 et 1809.

La salle de vente restoit à construire dans le fond du terrain, de largeur égale aux premiers bâtimens. Sa construction ordonnée par un décret du mois de février 1811, est en pleine activité à cette époque. Le plan de cet édifice, de treize toises de largeur, est composé d'un avant-corps, sur la face principale à l'*est*, et un autre au *couchant;* de deux arrière-corps égaux sur chacun de ses côtés, ouverts sur les deux faces par trois baies en plates-bandes, dont celle du milieu est une porte chaussée d'un perron; les dimensions particulières de la salle sont en longueur hors œuvre, de huit toises, en largeur de quatre toises; les bâtimens en arrière-corps ont cinq toises de profondeur.

L'ORDONNANCE extérieure de la salle sur la grande cour, est ionique: un portique de onze pieds de saillie et de vingt-quatre pieds de largeur, est ouvert par trois arcades avec impostes et archivoltes, couronné d'un entablement complet, avec un fronton triangulaire; au-dessus s'élève un attique qui s'érige dans l'alignement des arrière-corps de la façade générale. Ce portique construit en totalité en pierre de taille, est terminé intérieurement par une voûte. L'ordonnance de la salle est composée des trois baies qui lui donnent entrée, semblables à celles du frontispice; deux colonnes d'ordre dorique portant une arcade au milieu, unies sur les côtés par une plate-bande et une architrave à un pilastre d'angle, en forment le fond ; les murs latéraux sont décorés chacun par un stylobate et deux baies en plates-bandes de proportions égales qui se correspondent.

L'ORDONNANCE entière de la salle est terminée par une voûte construite en charpente armée de fer, enrichie de caissons, ouverte à son sommet par une lanterne de figure parallélogramme qui l'éclaire, de dix pieds quatre pouces sur six pieds ; au-delà de la salle, sont les bureaux des commissaires-priseurs pour le service des ventes. L'avant-corps de la façade à l'*ouest* n'a qu'une seule baie en plate-bande; il est couronné par une corniche architravée et un fronton égal en dimension à celui du portique. Les arrière-corps de l'édifice renferment les bureaux particuliers et les dépendances.

LE portique, sous lequel l'égoût public charrie ses eaux, a exigé dans ses fondemens, la construction de deux grands arcs ogifs chargés des murs latéraux de vingt-quatre pouces d'épaisseur, et vingt-cinq pieds de hauteur, en pierre de taille; de plus, celle de doubles voûtes particulières, nécessaires pour rendre cette principale partie de l'édifice indépendante de l'égoût.

HALLE AU BLED DE CORBEIL.

L'HOPITAL général de Paris possède à Corbeil, ville ancienne et distante de sept lieues, et au *sud* de la capitale, une très-importante propriété, sise à la chûte de l'une des branches de la rivière d'Etampes, dans la Seine.

CE grand et beau domaine sur lequel existoit un ancien château de St. Louis, dont il reste encore sur la place dit *St.-Gueneau*, quelques vestiges convertis aujourd'hui en greniers à bled, s'étend vers le *nord*, sur les rives de la Seine, au-delà du chesnal des moulins à poudre.

UNE situation aussi favorable à l'établissement de moulins à eau, et d'un service si propre pour les grandes moutures de l'Hôpital général, détermina l'Administration, en 1770, à construire onze moulins à farine, érigés sur les deux côtés de la rivière d'Etampes qui fut convertie dans cette branche, en une écluse, trois rangs de rayères de chaque côté et leurs vannes, dont une de décharge.

SUR chaque côté de l'écluse, s'érigent deux grands corps de bâtimens qui, dans les deux premiers étages, contiennent les meules et le service de la mouture. Les étages supérieurs consistent en de vastes greniers communs, côté du *midi*, avec ceux pratiqués dans l'ancien château. Ces fabriques diverses complettent l'un des plus beaux, des plus utiles établissemens en ce genre.

LE succès répondit parfaitement à l'attente de l'Administration de l'Hôpital général; la mouture fut faite avec toute la célérité nécessaire, et à des prix réduits de beaucoup au-dessous de ceux qui avaient cours.

LA consommation annuelle en bled, pour la nourriture de quatorze mille individus composant alors la population de l'Hôpital général de Paris, étoit considérable; les achats de grains se faisoient dans plusieurs provinces, et celle de la Brie, abondante en bled, voisine de Corbeil, pouvoit fournir une partie de ces achats. Un marché au bled à Corbeil devenoit fort utile, et pour l'établir, l'étendue, la position de la plus grande partie du domaine de l'Hôpital général, celle au *nord* réunissoit toutes les ressources desirables.

A l'époque de 1781, le projet de construire une halle au bled fut conçu et arrêté.

L'ANNÉE suivante, en 1782, je fus chargé de composer les plans de la Halle à ériger. Le terrain, où j'allois bâtir, étoit traversé par une sorte de ravin très-enfoncé vers les rives de la Seine; le fleuve, dans ses inondations périodiques submergeoit presque totalement le même terrain.

MON premier soin fut d'étudier le sol sur lequel devoit s'élever le nouveau monument; de m'assurer quel étoit le point le plus élevé où les eaux arrivoient; je fixai, d'après ces reconnoissances, l'exhaussement à donner au sol de la place; je comblai le ravin.

JE traçai alors le corps de bâtiment de la Halle à une distance proportionnée de la Seine, et en avant duquel j'établis un port; sur le côté opposé, je formai une vaste place pour le libre arrivage des grains par terre, et nécessaire pour la circulation des voitures.

MES plans furent acceptés. Je commençai les travaux en 1783; je les poussai avec activité; et, le 18 novembre 1784, le premier marché au bled eut lieu.

L'OUVERTURE de la Halle s'est faite avec solennité; le corps de ville de Corbeil, un nombre d'administrateurs de l'Hôpital général de Paris, un concours nombreux d'habitans firent de ce jour une sorte de fête publique.

LA planche 19 contient les plans, les élévations, et les coupes de la Halle; le profil de l'entablement qui couronne l'édifice est réuni dans la planche 3.

BATIMENS PARTICULIERS.

FERME DITE DE MAROLLES.

CETTE ferme, dépendante de la belle terre de Villènes, près, et au *couchant* de la ville de Poissy, est à huit lieues de Paris.

LA ferme de Marolles est érigée sur un site élevé qui domine le village et le château bâtis dans la vallée que traverse le fleuve de la Seine en formant des îles différentes; du lieu qu'elle occupe, l'on jouit du tableau d'une vaste étendue, le plus riant et le plus varié.

L'ON arrive de Villènes à la ferme, par un chemin bordé de plantations; un ravin règne sur l'un des côtés, à la chûte duquel est un pont rustique. Ces diverses fabriques, ouvrages de la nature et de l'art, composent un paysage charmant.

LE sol où la ferme de Marolles est située, a une forte inclinaison vers la cime de la côte dont elle est très-voisine; cette direction du terrain détermina l'assiette que je donnai au plan général; et la position élevée que j'assignai aux bâtimens d'habitation du fermier, rend la surveillance facile et commode, avantage essentiel, sur-tout pour une grande exploitation rurale.

LA distribution des autres bâtimens, de ceux des écuries, des vacheries, des bergeries et des granges, a fixé toute mon attention pour la commodité, la salubrité des bestiaux et la sûreté des récoltes. La distribution des uns et des autres est telle en effet, que, par le développement et l'isolement des différens corps de bâtimens, dans un cas d'incendie, la ferme, en plus grande partie, serait préservée de ses ravages; la part du feu s'en ferait aisément.

LA planche 20 réunit le plan général, plusieurs élévations et une coupe de la ferme de Marolles.

FERME DE VILLEBLIN.

VILLEBLIN est un petit domaine distant de douze lieues de Paris, situé à l'*est*, et à trois lieues de la ville de Melun.

CETTE ferme est située dans une riche plaine, au territoire de Fouju.

DES vallons, des prairies vers le *sud* (1), arrosés par des ruisseaux, et traversés par un pont en pierre de trois arches; des bois (2), des hameaux (3), des villages nombreux voisins les uns des autres (4), des fermes érigées çà et là, et qui les unissent en quelque sorte (5), composent et meublent ce canton fertile.

DANS les champs, des troupeaux de toutes les espèces qui les couvrent, concourent à offrir les tableaux les plus animés et les plus rians, que des groupes d'arbres, de natures différentes, rendent plus piquans encore.

IL sembleroit que l'illustre et immortel auteur de Télémaque, auroit pris cette partie de l'ancienne Brie pour modèle, dans les délicieuses peintures qu'il a faites des plaines de Salante.

LA belle terre de Vaux-Villard (6) où le fameux surintendant des finances Fouquet

(1) Divisent les territoires de *Fouju* et de *Blandy* : ce dernier village est remarquable par son vieux château-fort, composé de six grosses tours qui flanquent ses hautes et épaisses murailles.

(2) Le bois de la *Brosse*, près Blandy, au *sud*; celui du *Boulai* au *levant*, près du village d'Andrezelle.

(3) Le hameau de *Vers* au *nord*, celui de *Truisy* au *levant*.

(4) Fouju, Blandy, Champeau, Andrezelles, Sussy, Crisnois.

(5) Les fermes de Mainpincien, ancienne seigneurie de l'abbaye de St.-Denis; celle dite les Hautes-Loges et Villeblin.

(6) Aujourd'hui Vaux-Praslin.

a érigé un superbe château sur les dessins du savant architecte Leveau, n'est distante que de deux milles de la ferme de Villeblin.

Le joli parc de la terre d'Aulnoy, embelli par le célèbre avocat Gerbier, en est voisin à un mille.

Cette ferme, distante du village de trois cents toises, n'est éloignée que d'un mille du bourg de Champeaux (1); sa position est en plein champ.

La planche 8 offre le plan, l'élévation et la coupe de la nouvelle bergerie de Villeblin; le plan et l'élévation d'une grotte construite à la tête des fossés du côté du *nord*, sur les jardins, et qui masque la basse-cour.

PERRON DU CHATEAU DE BELLEGARDE.

Bellegarde est un bourg distant de Paris de vingt-huit lieues, près la ville de Montargis, dans la ci-devant province du Gatinois. Le château, chef-lieu d'une vaste et très-riche terre que traverse le canal de Briare, est remarquable par l'étendue et l'importance de ses bâtimens; ce château se divise en deux parties, l'ancienne et la nouvelle.

La première, de construction gothique, est entourée de larges fossés (cent pieds) où l'on arrive par deux ponts; l'un, côté des avant-cours; l'autre, côté du parc sur lequel est érigé le perron qui fait le sujet de cette notice.

La nouvelle partie du château consiste en un cadre de plusieurs corps de bâtimens qui dessinent l'avant-cour où aboutit une avenue de deux lieues de longueur, dont le bourg borde les extrémités.

La basse-cour est immense; un seul et même corps de ses bâtimens, sans comprendre les pavillons à ses extrémités, renferme une écurie pour cent chevaux.

Toutes ces grandes constructions ont été faites vers le milieu du dix-huitième siècle, par le duc d'Antin, alors seigneur de Bellegarde.

(1) Champeaux est remarquable par sa vaste église gothique; dont le chapitre étoit seigneur, ainsi que des communes de St.-Merry et de Fouju : les chanoines prélevoient sur elles tous les droits seigneuriaux. Ils prélevoient le *quint* et *requint* ; droits auxquels Villeblin a été soumis.

LE nouveau perron est érigé sur le parc adhérent au corps principal du château à cette exposition ; il est composé d'une terrasse qui le couronne, de soixante pieds de longueur, douze pieds de largeur et même dimension que celle-ci en hauteur au-dessus du sol ; elle donne entrée à un salon de quarante-huit pieds de longueur.

LA composition consiste en des rampes simples de chaque côté, de six pieds d'emmarchement, qui s'attachent à la terrasse, ainsi que le dessin l'indique ; en un pallier de repos et de doubles rampes qui forment équerre sur les premières ; de petites grottes sous les palliers de repos ; des bassins circulaires enrichis de sphinx décorent cette première partie du plan ; un péristyle de colonnes d'ordre dorique ; des galeries sous la terrasse, communiquant à d'autres galeries pratiquées sous les rampes supérieures ; telle est l'ordonnance du perron de Bellegarde.

LA construction de ce morceau d'architecture est faite en pierres de la plus grande dureté que produit le canton, et en partie en briques ; les seules colonnes du péristyle sont en pierres fines extraites des carrières d'Arcueil près Paris, embarquées sur la Seine, et conduites à Bellegarde par le canal de Briare.

LA planche 21 en présente la vue perspective.

FRAGMENS DE CONSTRUCTIONS.

LES planches 7 et 8 contiennent des dessins d'espèces différentes, dont plusieurs ont été décrits dans les notices qui précèdent ; il ne reste plus qu'à indiquer quelles sont les figures dont l'objet est particulier à la restauration de diverses maisons.

LA planche 7 contient le plan et la coupe d'un mur de quatre-vingt-six pieds de hauteur qui, dans celle de trente pieds à compter du sol des caves jusqu'au plancher haut du premier étage, étoit écrâsé, tandis que les parties supérieures, de cinquante-six pieds de hauteur, se maintenoient solidement ; cependant, à raison du porte-à-faux de toute l'épaisseur de ce mur, sur les fondemens nouveaux dont l'alignement étoit invariablement fixé, ce hors d'à-plomb, cet état du mur exigeoit sa démolition totale.

VOILA ce qu'ordonnoient les lois générales de la construction, et cette démolition étoit inévitable, sans des moyens que la science des plans pouvoit seule procurer. Après m'être bien pénétré de ce sujet, réduit d'ailleurs dans les limites les plus étroites en dimensions, je traçai un plan qui remplit son objet, et la maison fut conservée.

LES figures 1, 2, 3, 4 et 5 indiquent la nature et l'espèce des moyens employés, par lesquels toute la partie de ce même mur, a obtenu les bases les plus solides (1).

LA planche 8 offre un autre fragment de construction, celui d'un mur très-solide dans ses fondemens et dans sa partie supérieure, mais écrâsé, à compter du sol de la cour en douze pieds de haut. et qu'il falloit rebâtir; l'obstacle à vaincre consistoit dans le hors d'à-plomb entre les fondemens et la tête du mur également solides.

SELON les procédés ordinaires et usités, les fondemens de l'édifice devoient être démolis et reconstruits avec le mur au rez-de-chaussée. Je suis parvenu à éviter cette dépense par le plan que je conçus, dont la planche 8 présente le dessin, ainsi que l'élévation et la coupe de ce même mur; l'on y reconnoît comment les anciens fondemens correspondent aujourd'hui aux parties supérieures du bâtiment, en sorte que la seule partie ruinée au rez-de-chaussée a été reconstruite (2).

PROJET DE RESTAURATION DES PILIERS DU DÔME DU PANTHÉON-FRANÇAIS (STE.-GENEVIÈVE).

LE temple de Ste.-Geneviève, ce superbe édifice, le plus beau monument du siècle dernier, expression d'un architecte qui connoît bien son art, a été pour moi, depuis longtems, un sujet d'études et de méditations étendues sur son ordonnance et sa construction (3). Sous le premier rapport, par l'importance du monument, l'ingénieuse disposition de son plan, le genre de son architecture; sous le second

(1) La démolition entière des quatre-vingt-six pieds de ce mur, non-seulement auroit nécessité celle de cette maison, mais aussi de deux autres contigues.

Les hôpitaux qui en sont propriétaires, sans ce moyen, perdoient un revenu de six mille francs.

Cette propriété est située dans un quartier précieux, la rue St.-Denis, près celle Mauconseil.

(2) Cette maison, sise cloître St.-Jacques-de-l'Hôpital, appartient aussi aux hôpitaux.

Je ne cite ces opérations que pour indiquer les ressources que l'art procure dans les bâtimens, même ordinaires, mais dans des cas difficiles, comme étoient ceux-ci, pour leur conservation.

(3) *Principes de l'ordonnance*, chapitres

rapport, par la nature des points d'appui des grandes voûtes des nefs, qui sont de simples colonnes solitaires ; par le mécanisme recherché, redoutable de l'appareil des pierres dans la construction des plates-bandes et des voûtes de l'édifice, combiné avec le fer employé profusément (1) ; et encore, par l'application faite des seuls moyens indirects : les arcs-boutans, les encorbellemens, les arcs en décharge etc., etc. qui seuls constituent la solidité entière du monument. Enfin, les piliers du dôme, par leur figure triangulaire, la première des causes de leur foiblesse extrême, par l'insuffisance de leurs masses ; et par suite, les nombreux effets de destruction qui s'y sont manifestés. Voilà tous les motifs de mes recherches sur ce monument, et la source des observations que j'ai successivement publiées.

MAIS, il ne suffisoit pas, à l'égard du dôme, d'avoir reconnu les causes de la ruine des piliers ; il falloit trouver des moyens capables de les fortifier efficacement, par une restauration soumise aux principes de la construction des dômes érigés sur des pendentifs (2).

JE me livrai donc à l'étude de ceux des moyens les plus puissans et conformes à ces principes ; et, entre les différens projets que je conçus, je me suis borné à en décrire trois seulement, dans le premier de mes mémoires ; et je ne publiai les dessins que de celui qui remplissoit davantage les conditions imposées par l'art de bâtir (3). Deux planches appartiennent à cette notice ; l'une, le plan général du temple ; l'autre, les plans et coupes du projet.

LA première de ces planches, n° 22, est réunie à ma collection, afin que l'artiste, l'amateur puissent reconnaître les convenances de mes plans avec l'ordonnance intérieure du monument (4), afin aussi qu'ils jugent plus facilement de la nature

XXXVI, VII, VIII, IX, XL. Paris, 21 mars 1797.

Moyens pour la restauration des piliers du dôme du Panthéon-Français. Paris, 1797.

Plans et coupes du projet. 1798.

De la Construction des édifices sans l'emploi du fer. Pag. 11 et suivantes. Paris, 1803.

De la Solidité des bâtimens, etc. Paris, mars 1806.

Des erreurs publiées sur la construction des piliers du dôme du Panthéon-Français. 1806.

Principes généraux et particuliers sur la construction des voûtes. Paris, juin 1809.

(1) *De la Construction des édifices sans l'emploi du fer*, etc. 1803.

(2) *Principes généraux des voûtes et des dômes érigés sur pendentifs*, etc. Pag. 66, 67, 68 et suivantes. Paris, juin 1809.

(3) *Moyens pour la restauration*, etc.

(4) J'ai ajouté une élévation de l'église de Ste.-Geneviève ; elle facilitera l'application de mes diverses recherches sur ce temple du premier ordre. (*Voy.* planche IV.)

et de la force des moyens que j'emploie ; qui tous, sont directs et capables de rendre la grande fabrique du dôme, comme les principes le veulent, indépendante de toutes les constructions environnantes, condition essentielle à remplir. Car, ainsi que je l'ai remarqué dans mon Traité des voûtes (1), les piliers du dôme du Panthéon, et les voûtes des nefs, par suite du système des points d'appui indirects qui les constituent, ne se prêtent mutuellement, que des secours factices, les seuls que l'on put obtenir de ce genre de construction.

Le plan général que je réunis à mon œuvre, acquiert d'ailleurs un nouvel intérêt pour l'histoire du Panthéon-Français et pour celle de l'art ; sur-tout d'après l'extraordinaire restauration des piliers qui vient d'être faite (2).

La planche 23 (3) contient les plans et les coupes de mon projet de restauration des piliers qui parut à une époque où aucun projet n'étoit encore publié (4).

Mais bientôt après, et jusqu'en l'an 1806, quatorze projets différens, composés par autant d'architectes, ont formé une sorte de concours honorable, totalement libre ; l'importance du sujet leur avoit successivement inspiré une louable émulation. Le seul projet qui vient d'être exécuté, est resté inconnu du public, jusqu'à l'époque où les travaux commencèrent.

Cette restauration est, comme on le sait, composée de deux projets différens, publiés, l'un en mars 1797 (5) ; l'autre, en 1798 (6).

(1) Ouvrage cité ci-dessus, pag. 72. Paris, 1809.

(2) Dans mon ouvrage sur les voûtes, j'ai fait le rapprochement des principes imprescriptibles de la construction des dômes, avec les moyens employés dans cette restauration. Pag. 69, 70, 71, 72 et 73.

(3) Cette planche, et celle n°. 22, sont réunies à mon premier Mémoire de 1797, et dans mon chapitre *De la Solidité des bâtimens*. Paris, 1806. La première édition de ce Mémoire est épuisée ; je vais en faire une seconde.

Il en est de même de plusieurs Chapitres de la 2e. partie de mon Ouvrage, qui seront successivement réimprimés.

(4) Le Mémoire historique sur le dôme du Panthéon-Français, fut publié quelque tems après la première partie de mes Principes d'architecture, dont cinq chapitres sont relatifs aux piliers du dôme de cet édifice.

(5) De l'imprimerie de H.-L. Perronneau. Paris, 1797.

(6) De l'imprimerie de P. Didot l'aîné. Paris, 1798.

Deux autres projets aussi à pilastres comme celui-ci, n'en ont chacun que trois seulement. Ils ont paru, l'un en 1798, chez Barbou ; l'autre en 1799, chez Baudouin.

LES huit piédroits construits à la tête de cet édifice sont pris dans le premier de ces projets : le mémoire de 1797 porte, page 12 :

« LES piédroits auront deux pieds de saillie et cinq pieds six pouces de largeur à leur tête. »

LES piédroits, dans la restauration, ont douze pouces de saillie et cinq pieds de largeur.

CE projet, le premier des trois que je composai, et décrit dans mon mémoire, malgré l'accroissement que je faisois sur les pans coupés du dôme, accroissement qui n'existe pas dans la restauration exécutée, et encore, quoique je conservasse les colonnes de Soufflot; ce projet ne pouvoit satisfaire aux données qu'imposoit le programme. Je l'ai rejeté.

QUANT aux quatre pilastres substitués, dans la restauration, aux trois colonnes de l'ancien plan; quant à l'accroissement fait aux deux murs des côtés droits des piliers; ces parties sont, lignes pour lignes, celles qui composent le second des projets que je cite ici.

IL n'est pas de copie plus fidèle, plus complette, encore si elle étoit heureuse! mais l'auteur ne peut dire :

« IL faut se servir de ce qu'on a quand ce qu'on a est bon. »

CE mélange de deux projets, mis en œuvre et fondus ensemble, ne pouvoit être que malheureux.

AUSSI peut-on dire avec vérité de cette restauration :

« DANS l'ordonnance et la construction, l'absence de l'architecte y est frappante. »

LA suppression des colonnes, l'admission de corps de maçonnerie au centre de la composition ;

LE défaut d'accroissement sur les pans coupés, l'emploi du fer; toutes ces fausses mesures prouvent la vérité de ce que j'avance contre la restauration des piliers du Panthéon-Français (1).

JE m'interdis de donner un plus grand développement à ces idées, quelque riche que soit, relativement à l'art, un pareil sujet.

(1) *Principes généraux et particuliers des voûtes, etc.*: pag. 69.

HALLE AU BLED DE PARIS.

La Halle au bled de Paris doit paroître ici ; cet édifice a été également pour moi le sujet d'une étude particulière et approfondie ; c'est pourquoi j'en ai réuni les plans, ainsi que celui du Panthéon, à la collection de mes dessins.

La planche 24 contient le plan général de la Halle, de la place circulaire qui l'environne, dessiné par un cadre de maisons dont le diamètre total est de quarante-huit toises.

Cette planche offre deux élévations partielles des façades extérieures et intérieures du monument, chacune décorée d'une ordonnance nouvelle que j'ai composée ; la première, pour la confortation de l'édifice qui consiste en deux colonnes d'ordre dorique, grouppées et adhérentes aux piédroits, pour contenir la poussée de la voûte annulaire des greniers : La seconde, pour l'érection d'une coupole en pierre de taille, qui seroit portée par une suite de pilastres. Cette planche offre encore une coupe de la même coupole, de celle des portiques, et des greniers au-dessus, avec les profils de murs des faces sur la cour et sur la place.

Cette planche appartient aux dissertations sur la Halle au bled de Paris, que renferme le troisième volume de mon Traité d'Architecture, relatives aux projets de coupoles pour cet édifice, qui ont été proposés au Gouvernement.

Les nouvelles rues à ouvrir, ordonnées par Sa Majesté l'Empereur et Roi, entre les vastes marchés des Innocens et les Halles de Paris, avec la Halle au bled, vont procurer à la place circulaire qui circonscrit ce monument, déja trop resserrée, un accroissement utile aux arrivages nombreux qui y affluent. Cette circonstance heureuse pour le service immense et journalier de ces grands marchés, suppléera tout à-la-fois, à la réduction nécessaire, inévitable, que la place de la Halle au bled doit éprouver par la saillie des contreforts à construire pour consolider les foibles murs extérieurs et de l'édifice, cette réduction aura nécessairement lieu quel que soit le plan qui sera définitivement adopté pour cette opération importante, et autre que celui que j'ai fait graver et soumis au jugement des artistes.

La confortation de la façade extérieure est devenue d'autant plus inévitable, que les murs intérieurs auront à soutenir le poids énorme ds la coupole en fer qui est en pleine exécution ; en sorte que leurs premières relations, avec les murs du dehors, changeront, quoique toujours dépendans l'un de l'autre, dans leur fonction commune, de porter la voûte des greniers.

CE point de construction est de la plus haute considération pour la conservation de l'édifice.

CETTE confortation encore est d'autant plus nécessaire, que la voûte annulaire reçoit aujourd'hui, sur ses reins, côté de la cour, une voûte nouvelle qui porte un large chesneau qui enceint, à sa naissance, la coupole, et remplace une ancienne voûte qui étoit de beaucoup plus petite dimension.

LA stabilité de la coupole en fer (1) dépend absolument de la confortation des murs extérieurs ; tout invite à s'en occuper promptement.

JE terminerai cette notice par la citation du paragraphe relatif à l'accroissement à donner à la place circulaire de la Halle au bled, que renferme mon Ouvrage, des Dissertations et du Traité des voûtes (p. 84), le voici :

J'observerai de plus qu'il sera facile de donner aux approches de la Halle au bled beaucoup plus d'étendue ; les nouveaux alignemens qui s'opèrent aujourd'hui pour les embellissemens de Paris, font déja une loi de porter à trente pieds ses rues actuelles qui n'ont que vingt-quatre pieds ; et entre les six qui aboutissent à la place, l'on donneroit à deux d'entre elles quarante pieds sur les directions les plus favorables au service des voitures et des gens de pied. Ces mesures simples ajouteroient un jour à la Halle, de grands espaces, et les nouveaux corps d'architecture, de six pieds de saillie, que j'ai tracés, et que l'art prescrit d'ériger pour la solidité, ne nuiroient à rien.

C'EST ainsi que je m'expliquai lors des discussions en 1808 (2), sur les confortations des murs extérieurs de la Halle au bled, et dont je publiai la substance en juin 1809. Alors le décret relatif aux accroissemens des issues pour les grandes Halles de Paris, n'étoit point rendu. Il est postérieur, de plus d'une année, à la publication faite de mes Dissertations sur ce même édifice.

(1) Voir la *Dissertation sur la Halle au bled*. Paris, juin 1809.

(2) Faites au Conseil des travaux publics du département de la Seine.

MONUMENT CONSACRÉ A L'HISTOIRE NATURELLE.

A l'époque où je composai ce monument consacré à l'Histoire naturelle, en 1776, le Jardin du Roi et le Cabinet n'avoient encore obtenu aucun accroissement. Ce ne fut qu'en 1780, que le célèbre intendant, M. de Buffon, s'occupa de l'amélioration et des embellissemens de ce grand et utile établissement dont les travaux se sont succédés jusqu'à nos jours, et qui continuent encore au moment où j'écris.

A cette époque de 1776, j'avois terminé mes cours publics d'architecture; je me livrai alors à la composition d'esquisses d'édifices de la première classe, et entre eux, celui d'un monument consacré à l'Histoire naturelle, devint l'objet de dessins étudiés sous les rapports de l'ordonnance et de la construction.

Le lieu que je choisis pour établir le plan d'un monument aussi important et tout-à-fait nouveau dans son objet, fut celui même où déja existoient le Cabinet d'Histoire naturelle et ses jardins, mais resserrés dans de très-étroites limites. Je franchis cette enceinte, et j'embrassai bien au-delà, jusqu'aux rives de la Seine. Les entraves que la nature du terrain et son irrégularité m'opposoient, provoquèrent d'autant plus mes efforts pour satisfaire aux différentes branches d'un établissement d'un intérêt aussi général; je traçai les plans de toutes les parties principales, avec de grandes et régulières dispositions.

Je conçus l'idée de réunir dans l'ensemble de mon plan, la nature vivante du règne animal, avec la nature morte de ce genre; celle-ci, dans des galeries, celle-là, selon les espèces : les unes, dans des loges; les autres dans de vastes enceintes; une ménagerie devint une des parties essentielles de mon projet (1).

Dès l'origine du Cabinet d'Histoire naturelle, il existoit au *nord*, dans les jardins, une montagne artificielle; c'est sur cette partie si favorable par son élévation et ses divers aspects, que je dessinai le plan de la ménagerie. Les flancs de la montagne furent convertis aux quatre expositions, en galeries demi-circulaires, subdivisées par plusieurs loges, ayant sur ces points différens, une cour de même forme. Les loges au *nord*, destinées aux ours, aux rennes, et aux bêtes féroces

(1) Cette idée a été réalisée quelques années après la publication de mes dessins : le public jouit aujourd'hui de ce beau spectacle.

que produit la zône glaciale ; celles du *midi*, aux lions, aux tigres et aux panthères qui habitent la zône torride ; celles du *levant* et du *couchant*, aux sangliers, aux loups et autres animaux féroces selon leur nature et leur espèce. Aux alentours de la montagne, sont les enceintes et les retraites pour les animaux innocens ; tandis que le sommet est couronné par un édifice destiné à la volatile.

M. DE BUFFON eut connoissance de cette composition d'architecture, l'accueillit, en accepta la dédicace, applaudit beaucoup à l'idée que j'avois eu de réunir une ménagerie au Cabinet d'Histoire naturelle, et fit exposer mes projets gravés dans les galeries du Muséum, où ils restèrent sous les yeux du public pendant plusieurs années.

LA planche 25 contient le plan général du monument, borné à l'*est*, par la Seine ; au *sud*, par le boulevard de l'Hôpital ; à l'*ouest*, par la rue du Jardin des Plantes ; au *nord*, par la rue de Seine.

LA planche 26 est l'élévation de la façade principale sur la grande cour d'entrée ou avant-jardin, avec les coupes des galeries environnantes, de l'amphithéâtre côté du *midi* ; et celle des grottes établies au pied de la montagne.

LE discours, joint aux gravures, publié en 1779 (1), inséré dans ce quatrième volume, donne les explications nécessaires et détaillées de ce monument, qui seroit le temple de la nature.

PROJET D'HOTEL-DIEU.

LE terrible et fatal incendie qui dévora en 1772, le grand corps de bâtiment de l'Hôtel-Dieu de Paris, sur la rive du *nord* vers le *couchant*, dit le *Légat*, fit éclore une foule de projets, non-seulement pour remplacer les parties qui avoient été la proie des flammes, mais pour ériger, sur un tout autre local, un Hôtel-Dieu nouveau ; alors quelques savans écrivirent sur les dispositions générales et le service particulier de ce genre d'hôpital, et composèrent des programmes. Un grand nombre d'architectes tracèrent des plans sur des lieux différens qu'ils jugèrent les plus convenables au nouvel établissement ; les uns, d'après les instructions qu'ils recueillirent ; les autres, d'après l'impulsion de leur imagination.

(1) A Paris, de l'imprimerie de Ph.-D. Pierres.

ENTRE le petit nombre de savans qui se mirent sur les rangs, M. Le Roy, membre de l'Académie des Sciences, conçut, en 1773, un plan d'Hôtel-Dieu, dont les salles seroient isolées, à la manière de celles de l'hôpital près Plymouth, en Angleterre.

CE savant me communiqua, en 1776, un programme qui réunissoit toutes les conditions desirables pour la salubrité d'un hôpital de malades dont le nombre seroit de quatre mille. Je composai sur ce programme, un plan, des élévations et des coupes, conformément aux données diverses qui m'étoient imposées; M. Le Roy en fut satisfait; l'année suivante, en 1777, notre savant lut, à la séance publique du mois d'avril de l'Académie royale des Sciences, un mémoire sur l'érection d'un nouvel Hôtel-Dieu; mes dessins furent exposés sous les yeux de l'assemblée.

M. LE ROY m'invita ensuite à faire les mêmes dessins sur une plus grande échelle, pour être gravés, ce qu'il effectua en 1780 (1). Le précis de son ouvrage sur les hôpitaux, ainsi que mes plans et les coupes, ont été recueillis dans les Mémoires de l'Académie de l'an 1787, p. 600, pl. 18 et suivantes.

JE ne donnerai ici qu'une idée générale de ce vaste projet.

LE lieu choisi par l'auteur du mémoire, est celui occupé aujourd'hui par la pompe à feu, sur la côte de Chaillot, au-delà du Cours-la-Reine, et près les bords de la Seine, en face de l'île des Cignes.

LE plan consiste dans les dispositions suivantes. La façade principale est sur la route de Versailles; elle offre les divers bâtimens dépendans du service; elle a trois cent quarante-deux toises de longueur; la profondeur totale du terrain occupé par l'établissement, est de trois cents toises.

CETTE façade est composée de huit pavillons, tous de dix toises carrées, quatre de chaque côté, divisés par une avant-cour de cent toises de largeur, sur l'axe du plan général; ils sont liés entre eux, savoir; ceux des extrémités de la façade, avec leurs intermédiaires, par deux murs de clôture à la droite et à la gauche de l'avant-cour, ouverts dans leur milieu sur le quai, qui forment autant de cours

(1) L'an 1780 est la date que j'ai mise au bas de la planche gravée, qui est celle de ces dessins nouveaux, et dont la composition des premiers remonte à l'an 1776.

que dessinent des bâtimens en aîles et dans le fond ; des péristyles destinés pour des promenoirs couverts unissent les deux pavillons correspondans et intermédiaires à ceux des extrémités, qui complettent les deux grandes parties de l'élévation générale du nouvel Hôtel-Dieu.

SUR l'axe du plan, l'avant-cour présente, de chaque côté, deux pavillons d'une ordonnance semblable à celle des précédens, dont un, celui vers l'entrée, appartient également à la façade principale ; ces deux pavillons correspondent sur chacun des cotés de l'avant-cour, dont la profondeur est de quarante-cinq toises, à un autre pavillon, unis ensemble par un péristyle et en arrière-corps, lequel est chaussé d'un perron de vingt-cinq marches, dans toute son étendue.

LA grande cour au-delà, de cent seize toises de large, sur cent soixante-quinze de profondeur, se compose sur chaque côté, d'une file de onze corps de bâtimens qui sont les salles, isolés, parallèles entre eux, divisés les uns des autres, par des cours particulières de quarante pieds de largeur. Ces bâtimens sont autant de périptères ; des galeries couvertes qui servent de soubassement, règnent sous l'universalité de ces différens corps ; elles sont les liens communs à toutes les parties de l'établissement.

AU fond de la grande cour, s'élève une terrasse à sept pieds de hauteur, où l'on arrive par de larges emmarchemens, décrite par deux quarts de cercle de vingt-huit toises de rayon, à compter des pavillons qui en prononcent la tête, de même ordonnance et mêmes dimensions que les précédens, mais chaussés d'un large perron continu au lieu d'un soubassement ; ensuite, un péristyle établi sur un grand perron, et d'égale hauteur à celle des deux pavillons susdits, conduit de chaque côté à l'église dont le frontispice, ainsi que le chevet, sont décorés d'un octostyle d'ordre dorique de vingt toises de front ; leur module, plus grand que celui des colonnes des autres bâtimens, fait que dans l'ordonnance générale, celles-ci remplissent la fonction de petit ordre. Le plan particulier de l'église, de figure parallélogramme, a vingt-sept toises sur trente toises.

LE portique à l'exposition sur les Champs-Elisées, est soutenu par les bâtimens en arrière-corps du presbytère et du couvent qu'il sépare, et où l'on arrive par les péristyles circulaires.

AU-DELA des premières salles, et hors de leur alignement, sont tracés à chaque angle du plan, et à ses extrémités, quatre rangs de salles aussi parallèles ; les unes, destinées aux traitemens des maladies pestilentielles; les autres, aux opérations chirurgicales.

De vastes jardins servent de cadre à l'hôpital entier, et les grandes cours sont plantées d'arbres.

Des galeries souterraines conduisent à la Seine sous la route de Versailles; elles procurent la communication avec l'île des Cignes dans laquelle, selon le programme, la boulangerie, la boucherie et les buanderies seroient établies.

Tel est l'ensemble de ce vaste et nouvel Hôtel-Dieu qui a fixé l'attention des hommes les plus éclairés de la France et de l'étranger.

La distribution du plan des salles par masses parallèles, et à un seul étage, les accessoires qui en dépendent; tels, les puits à air établis sur le carreau, les voûtes des salles subdivisées et ouvertes à leur sommet par des ventilateurs qui leur correspondent; les alcoves, les niches pour les garde-robes; le nombre de malades à loger dans chaque salle; la division des huit salles destinées pour les maladies extraordinaires hors d'alignement avec les premières; toutes ces distributions m'ont été indiquées par le programme de M. Le Roy. Voilà ce qui appartient au savant (1).

Mais les dispositions générales et particulières de ce plan d'Hôtel-Dieu, la figure parallélogramme de la grande cour sur laquelle s'érigent les onze masses de bâtimens, l'ordonnance entière de la façade principale, et de celle de tous les divers corps de bâtimens, des salles, de l'église, des pavillons, etc., etc; l'espèce de soubassement, les voûtes souterraines qui communiquent à la Seine, le quai créé à cette fin; toutes ces parties qui tiennent à l'art, comme composition d'architecture, m'appartiennent.

Si donc, l'on compare ce plan d'Hôtel-Dieu avec celui de l'hôpital royal près de Plymouth, qui renferme le type principal des salles isolées et parallèles, le

(1) Le Mémoire de M. Le Roy, inséré dans la collection de ceux de l'Académie des Sciences, pag. 585 et suivantes, prouve clairement que le corps des salles isolées a été l'objet unique de son travail, et nullement aucune des grandes branches du service qui dépendent d'un hôpital Toutes ont été conçues et tracées par moi, comme je les décris ici.

seul qui existe en ce genre, jusqu'alors; l'on reconnoîtra qu'ils n'ont rien de semblable dans leur forme générale, dans leurs dispositions de salles, ni dans l'espèce de leur ordonnance.

EN effet, le plan de celui près de Plymouth, est de forme carrée; les quatre côtés sont dessinés par quinze masses de bâtimens isolées les unes des autres, dont dix, qui sont les salles, et de figure peu au-dessus du carré, ont un rez-de-chaussée, un premier et deuxième étage; quatre de ces masses composent la façade extérieure de l'hôpital.

L'ÉGLISE est placée sur l'axe du plan, dans le fond; une seule et même galerie de colonnes au rez-de-chaussée unit sur la grande cour toutes les masses du plan; quatre des masses dont la figure est un carré parfait, n'ont qu'un simple rez-de-chaussée; une seule d'entre elles, est le quartier de la petite vérole; les autres, sont consacrées aux différentes parties du service de l'hôpital.

CETTE description fidèle aux dessins publiés par la gravure, prouve évidemment les grandes différences qui distinguent l'hôpital près Plymouth, de celui que j'ai composé en 1776, quoique soumis cependant, l'un et l'autre, aux principes généraux de la physique, et à la condition spéciale de l'isolement des corps de bâtimens des salles.

MAINTENANT, si l'on examine les divers projets d'Hôtel-Dieu, dont les salles sont isolées, qui ont paru depuis le mien, on reconnoît qu'ils en sont tous une imitation.

L'ACADÉMIE royale des Sciences fit imprimer l'extrait de son travail sur l'Hôtel-Dieu de Paris, en 1788, et dans cet ouvrage se trouve un projet gravé dont le plan consiste en une cour de figure parallélogramme, sur chaque côté de laquelle sont sept masses (1) de salles; et terminé par l'église comme elle est placée dans mon plan.

DANS ce même projet, les dispositions des parties principales de l'établissement tiennent encore de celles de mon Hôtel-Dieu, savoir; la cour principale de figure parallélogramme; les salles sur deux lignes, disposition qui caractérise mon projet, conçu et dessiné en 1776, publié en 1780, et qui ont été adoptées dans les plans que l'Académie royale des Sciences a fait tracer, en 1788; ces

(1) Cet hôpital n'étoit destiné que pour douze cents malades.

dispositions, dites de l'*Académie*, est une opinion fausse (et généralement répandue dans la société) comme le prouve l'antériorité de la composition de mon Hôtel-Dieu. Aussi, M. Le Roy, dans les Mémoires de l'Académie (pages 599 et 600) fait-il, à ce sujet, une vive réclamation qui a produit son effet.

UNE lettre de M. Bailly, rédacteur des mémoires sur les hôpitaux, à la date du 4 mai 1788, le prouve, et il s'y explique ainsi :

« ON voit dans ce plan, comme dans le nôtre, une suite de pavillons rangés « sur deux files, une vaste cour au milieu, la chapelle dans le fond, les bâtimens « d'un côté pour les hommes, et de l'autre pour les femmes; nous nous faisons « un devoir de reconnaître l'antériorité qu'il réclame à ce sujet. »

CETTE explication devenoit nécessaire pour fixer les idées sur ce qui constitue un morceau d'architecture qui n'appartient jamais comme composition à l'auteur du programme ; parce que ce ne sont nullement par des mots que les arts de dessin s'expriment. Certainement, les professeurs dans les écoles des arts, qui donnent les programmes des tableaux, des sculptures, et des édifices à composer par les élèves, n'ont aucune prétention sur les ouvrages qui leur sont soumis.

COMMENT expliquer les prétentions des savans qui ont écrit sur les hôpitaux, qui osent appeler l'invention de *plans*, d'*élévations* et de *coupes* : leurs projets !

IL est donc constant, d'après les explications qui précèdent, que les auteurs de compositions de plans d'hôpital de malades, depuis la publication des miens, tracés, il est vrai, sur des programmes qui leur imposoient les mêmes conditions générales de l'hôpital de Stonchouse, près Plymouth, construit depuis environ cinquante ans, communes en ce point, au programme que j'avois suivis, édifice avec lequel je n'ai rien de semblable que l'isolement des salles ; il est constant, dis-je, que les projets de ces architectes se rapprochent particulièrement de mes dessins ; dans leurs dispositions générales ; ils pouvoient en combiner les masses tout autrement.

JE suis d'autant plus fondé à le dire, que lorsque j'eus à composer un hôpital de folles en 1784, pour mille individus, à la Salpétrière, espèce de malades ; je ne me copiai pas moi-même, quoique soumettant mes plans aux dispositions de l'isolement des corps de bâtimens comme à Stonchouse, et tels qu'ils sont exécutés (1).

(1) Voir la Notice du grand hôpital de la Salpétrière, article *Loges nouvelles*, et le plan gravé, planche 7.

LES trois planches de mon Hôtel-Dieu, gravées aux frais de M. Le Roy, ne m'appartiennent pas (1). Je ne puis les réunir à la collection de mes planches ; néanmoins j'ai dû faire cette notice sur une composition d'architecture qui m'a causé un travail très-étendu, à l'époque où je m'en suis occupé. Alors je me livrai à une étude particulière des hôpitaux de Paris (en 1776 et 1777), principalement de ceux de l'Hôtel-Dieu, de St.-Louis et de la Charité. Le plan du second de ces établissemens, érigé par Henri IV, a une juste célébrité comme monument d'architecture. Claude de Châtillon, architecte, inspiré par son génie, a su en concevoir et tracer le plan sans aucun secours étranger; cause heureuse, absolue de l'unité, de l'ensemble de cette ingénieuse et savante composition. Que les tems sont changés !

(1) J'ai appris que ces planches ont été offertes au Ministre de l'intérieur, par la veuve de M. Leroy, peu après le décès de ce savant.

CONCLUSION DE L'OUVRAGE.

L'ARCHITECTE DOIT ÊTRE SAVANT DANS L'ART DE COMPOSER ET DE CONSTRUIRE.

L'homme savant dans l'art qu'il exerce,
a droit aux honneurs et à la fortune (1).

J'ai indiqué dans le Discours : *des anciennes Études de l'Architecture*, la route de la science ; je vais dans celui-ci, rappeler les points fondamentaux qui la constituent, développés dans le cours de cet Ouvrage, et en faire sentir d'autant plus l'absolu besoin pour l'architecte.

C'est par ce discours que je termine la carrière difficile où je suis entré : l'enseignement de la doctrine pour composer et construire avec succès, les plus grands édifices.

Mais, que d'obstacles divers aujourd'hui s'opposent à l'instruction des architectes ! et cependant, que de nombreux et puissans motifs leur commandent d'être savans ! Je dirai quels sont ces obstacles, leurs diverses natures, leurs sources ; je dirai quels sont les moyens de les vaincre.

(1) *Decus et pretium recte petit experiens vir.* Horace, livre premier, épit. 17e., vers 42.

Si l'artiste avant tout, doit dessiner de verve, il faut aussi que les principes dirigent ses compositions; sans eux, elles ne réuniroient jamais cet ensemble, cet accord entre les parties, ces variétés dans les détails, d'où naît le charme des compositions; concours de qualités qui intéresse, et sans lequel les ouvrages de l'architecte ne pourroient point lui donner un juste droit à la célébrité, à la considération publique.

« Toute composition dans les beaux-arts, est bonne ou mauvaise, « d'après les principes invariables de l'art et du goût. » Dans l'architecture, comme dans les autres arts, l'observation justifiée par une longue série de faits uniformes, est devenue un principe; et l'assemblage d'un certain nombre de ces principes en a formé les règles.

J'ai amplement défini dans les différentes parties de ce Traité d'Architecture, quels sont les caractères du goût; il est un, régulier, sévère, soumis aux principes, tout opposé au mauvais goût, mixte dans son essence, bisarre, capricieux, sans règles et sans frein. Et de même qu'en littérature, les Horace, les Virgile, les Térence, les Quintilien, sont les vraies sources du bon goût et de l'art d'écrire; de même en architecture : Palladio, Vignole, Pierre Lescot, Blondel, Perrault, les plus fidèles imitateurs des anciens, sont les modèles du bon goût, du vrai genre de composer.

Je ne range pas dans la même classe, pour le style en architecture, les autres grands hommes qui ont honoré la France par leur génie, qui doivent cependant paroître ici. En voici la raison.

Ducerceau est peu sévère dans ses combinaisons linéaires, ni du corps de l'édifice, ni de ses profils. La partie des galeries du Louvre la plus ancienne, l'hôtel de Sully, rue St.-Antone, etc., sont les preuves de ce que j'avance. L'on y desireroit plus d'harmonie, plus de goût.

PHILIBERT DELORME, plus pur dans ces mêmes parties, et moins éloigné du style antique, manque de cet accord que l'art et le goût exigent entre le tout et les parties. Les jolis avant-corps d'ordre ionique et corinthien du palais des Tuileries justifient ce jugement.

DESBROSSES, dont le style est mâle, offre de belles masses, mais elles laissent desirer dans les détails, tels qu'on le remarque dans le château de Colombières près de Meaux (1).

LE MERCIER, auteur du chef-d'œuvre du péristyle de la Sorbonne, côté de la cour, n'est pas aussi sage dans l'ordonnance de ce même édifice, ni dans celle de l'église de l'Oratoire, ainsi que dans toutes ses autres compositions; il est en général d'une petite manière dans les divisions principales et particulières, quoique les lignes soient bonnes en elles-mêmes; l'hôtel de Liancourt, à Paris, le château fameux de Richelieu vraiment beau dans ses dispositions, prouvent ce que j'avance ici.

FRANÇOIS MANSARD a un genre de composition mixte qui tient de celui de Philibert Delorme et de Le Mercier; comme eux, sa manière de profiler n'est pas large, quoique les élémens soient pris dans l'antique; je ne citerai en exemples, parmi ses nombreux ouvrages, que l'hôtel d'Aumont, à Paris, et le beau château de Maisons. Mansard, dans l'ordonnance du temple du Val-de-Grâce, ce chef-d'œuvre de l'art, s'y est rapproché davantage de l'architecture antique; aussi cet édifice est-il le plus parfait de ses ouvrages.

(1) Marot a recueilli dans son œuvre, cet important édifice, construit avant l'admirable et beau palais du Luxembourg, dont l'ordonnance générale est de beaucoup supérieure en perfection au premier.

JULES-HARDOUIN MANSARD, cet artiste si ingénieux, celui des architectes qui a le mieux entendu les grandes et belles dispositions des plans, des masses, comme il a fait à Versailles, à Trianon, à Marly; celui qui a si bien senti la magie des effets, ainsi que le dôme des Invalides les offre dans son intérieur; Jules-Hardouin n'est nullement pur dans les formes; il s'écarte entièrement du style des anciens, dans ses nombreux et magnifiques ouvrages, tache qui cause tant de regrets aux admirateurs de ces nobles compositions.

LEVEAU, le dernier de ces architectes célèbres que je citerai, est généralement lourd dans toutes les parties de ses bâtimens, ainsi qu'on le remarque à Paris, au collège des Quatre Nations, dans les galeries du Louvre et aux pavillons des Tuileries; le grand château de Rincy érigé par cet architecte, est moins lourd dans les détails.

LES nuances diverses dans le style, qui caractérisent et distinguent les ouvrages de ces différens architectes, n'étoient nullement chez ces grands maîtres qui ont embelli la France de tant de beaux monumens; ces nuances n'étaient nullement fantaisie, caprice, mode, comme il en est de nos jours, mais déterminées par la trempe de leur génie; toutes leurs compositions se rapprochent sans mélange, plus ou moins, de l'architecture antique qu'ils avoient étudiée. Ces mêmes nuances, ce style propre et particulier à chacun de ces architectes, font assez connoître que les productions de l'architecture appartiennent aux arts; prouvent évidemment qu'elles ne peuvent être nivelées par les calculs mathématiques.

CES réflexions ne s'écartent point du sujet de ce Discours; elles me paroissent, au contraire, lui appartenir.

MAINTENANT, pour fixer les idées du lecteur sur les principes de l'art et du goût ; je dirai, avec un auteur qui a cultivé lui-même, les arts de dessin :

« L'EXPÉRIENCE des siècles nous apprend que la beauté réside
« jusqu'ici dans les proportions que les Grecs nous ont transmises,
« puisque l'on éprouve constamment que si on les change, elle
« disparoît aussitôt (1). »

C'EST l'application des principes de l'art et du goût faites par Blondel, qui constitue la perfection, la solidité du monument célèbre de la Porte St-Denis. Aussi n'est-il point en mathématiques de vérité mieux démontrée que l'existence de ces qualités dans ce chef-d'œuvre d'architecture.

DONC, c'est de la conservation, c'est de l'application de ces principes, que le succès et la gloire des beaux-arts dépendent absolument.

« L'ESPRIT humain, d'ailleurs, est si foible et si léger, qu'il s'égare
« longtems dans les routes fausses ou tortueuses avant de discerner
« la plus directe à son but (2). »

OR, l'architecture est celui de tous les arts chez les peuples anciens et modernes qui a éprouvé le plus de vicissitudes et d'altérations, par l'abandon des principes sur lesquels reposent le beau dans l'ordonnance et le solide dans la construction, deux branches insépa-

(1) *Réflexions sur l'art de la Peinture, etc.*, pag. 24; par M. Armand. A Paris, chez Migneret, imprimeur, rue du Sépulcre, faubourg St.-Germain, n°. 20. 1808. Cet ouvrage renferme les meilleures vues sur les arts en général, et d'excellentes leçons sur la peinture, qui en est le sujet particulier.

(2) *Ibid.*, *Réflexions*, *etc.* pag. 243.

rables, sans l'union desquelles il n'y a point de véritable architecture; car, de même que dans les ouvrages de poésie, d'éloquence, de peinture et de sculpture, il doit régner un accord parfait entre l'invention et l'exécution, de même en architecture, l'ordonnance et la construction doivent être dans un semblable accord, se prêter un mutuel secours. Ces deux parties sont dans une dépendance telle, qu'il est impossible d'être un habile constructeur si l'on n'est pas savant dans l'art de composer; de même aussi, l'on n'est pas un habile architecte sans la science de la construction; tous nos grands maîtres en ont jugé ainsi; tous ont possédé ces deux branches de l'art.

LA dépendance que j'établis entre l'ordonnance et la construction, thèse qui fait le nœud des principes que renferme mon œuvre entier; cette vérité d'un grand poids, et si méconnue de nos jours, sera prouvée dans tout édifice érigé sans le concours de ces deux sciences, comme le sont plusieurs bâtimens nouvellement exécutés. Je m'interdis de les désigner; je citerai ceux-là seuls que l'intelligence de mon Discours exigera absolument. C'est le parti que j'ai adopté dans toutes mes dissertations sur les édifices de nos jours.

NONOBSTANT les diverses causes générales qui, à cette époque, influent contre les beaux-arts, et dont l'architecture se ressent si fortement; il en existe de particulières et de nature très-différente contre elle.

PARMI ces dernières causes, la plus funeste sans doute, parce qu'elle prend sa source chez les architectes eux-mêmes, par suite d'un esprit léger et d'un jugement faux, est l'opinion d'un trop grand nombre composé de quelques-uns d'une classe remarquable, qui distinguent l'art du dessin, de la science de la composition, de la construction. Ces artistes ne veulent point de principes sur la composition; selon eux, ils entravent, étouffent le génie. Ils ignorent que le premier des beaux-arts, la poésie, exige de la science; ils ignorent que l'on dit d'un poète : « Que sa versification est savante; « qu'il réunit une vive imagination à un brillant coloris. » Virgile, Horace, Boileau et Racine étoient tous des poètes savans; aussi les ouvrages de ces grands hommes sont les plus parfaits.

CES artistes ne veulent point sur-tout de principes de construction; il les confondent avec la patique de la coupe des pierres, avec celle du mécanisme auquel sont soumis les matériaux mis en œuvre, avec la pratique du bâtiment; connoissances tout-à-fait différentes de la science; ils se persuadent que l'on est architecte pour savoir tracer facilement des projets d'architecture quelconques; selon eux encore, dessiner avec rapidité et précision les ornemens les plus compliqués, en faire une application plus ou moins heureuse, est le terme le plus élevé du mérite d'un architecte; chacun d'eux semble dire :

« DESSINER est le premier, l'unique travail de l'architecte pour « ériger un édifice; je dessine, que d'autres construisent (1). »

CES architectes, que je désigne, regardent toutes les connoissances fondamentales de l'art, comme vaines, de toute inutilité pour eux. Ils les dédaignent; il en est parmi eux qui disent hautement, que l'art de bâtir est la tâche du maçon et du charpentier; en conséquence, le genre, la nature de la construction de leurs plans, ne les touchent pas; ils abandonnent entièrement et sans hésiter, cette partie dans les mains des ouvriers, se reposent uniquement

(1) *Ad ædificandum, primâ delineatione opus est; delineo, extruant alii.*

Cette manière de penser de trop d'architectes, leur rend applicable le vers suivant, et le justifie :

« Notre siècle est un peu follet. »

sur eux, pour établir les forces de toute espèce, nécessaires à la solidité, au lieu de ne leur livrer que le mécanisme de la main-d'œuvre; on pourroit dire à ces architectes :

« En vous moquant du savoir, vous faites éclater toute la pré-« somption de l'ignorance; » et, en vous confiant totalement à autrui, pour la solidité de vos bâtimens, vous compromettez votre réputation (1). Qu'ils nous le disent ces artistes, si fiers de leur talent de dessiner, si dédaigneux de la science de la construction, quelles sont les impressions qu'ils éprouvent lorsque, comme cela arrive journellement, dans le cours de l'exécution de leurs plans, un homme puissant, devant eux, s'adresse de préférence à l'exécuteur de leurs bâtimens, sur les points les plus essentiels de la solidité, au lieu de les consulter. Si ces architectes recueilloient, comme je le fais, dans telles et telles réunions, l'opinion avantageuse des gens du monde, sur les exécuteurs de leurs dessins, ils sauroient sous quel aspect misérable ils sont eux-mêmes apperçus et jugés. J'en ai frissonné plus d'une fois, tout récemment encore, à l'occasion d'une mécanique en architecture qui s'exécute.

L'ARCHITECTE ne doit confier aux ouvriers que ce qui tient à la manipulation; il doit, avant de poser aucune pierre, assigner aux fondemens et aux corps de ses édifices des forces capables de porter leurs couronnemens; en sorte que les masses qui les composent

(1) J'oserais inviter tels de ces architectes qui sont à haute prétention, et leur dire :

« Connoissez au moins les parties accessoires de l'art de bâtir, et entre elles, la nature des liaisons qui doivent exister pour la solidité entre toutes les parties de vos bâtimens. »

« Vous offrez des exemples, dans vos constructions, contre ces premiers élémens de l'art de bâtir, qui prouvent votre extrême et commode confiance dans les ouvriers. »

restent dans une éternelle immobilité par suite des rapports établis entre toutes les parties du plan et des élévations. L'architecte doit lui-même déterminer le système général d'appareil, et des plafonds, et des plates-bandes, selon ses plans.

Mais, de même que le musicien appelle les exécutans les plus capables pour rendre ses compositions ; de même l'architecte doit employer les hommes les plus intelligens pour l'exécution de ses dessins.

Voila ce que l'un et l'autre de ces artistes doivent emprunter d'autrui, ainsi que l'exige. par leur nature, l'art respectif qu'ils exercent.

Il existe, je dois le dire, parmi les exécutans qui sont appelés pour la construction des grands édifices, des hommes doués par la nature, du génie de la mécanique, et bien supérieurs à ceux qui ne possèdent que la pratique du bâtiment ; aussi, ces mécaniciens nés, qui, généralement, s'instruisent en mathématiques, et deviennent géomètres, sont-ils à distinguer, et très-utiles à la perfection de la main-d'œuvre des fabriques importantes ; et aujourd'hui, nous en possédons peu de cette classe. Le nombre en étoit autrefois plus grand, notamment à l'époque où les péristyles de la place de la Concorde, la Halle au bled de Paris, s'érigèrent, et lorsque les fondemens de l'église de Ste-Geneviève furent jetés.

Mais toujours est-il constant que les connoissances de ces hommes instruits, estimables, bons mathématiciens, n'ont rien de commun avec celles des principes pour la stabilité des constructions dont les premiers élémens consistent dans la bonté du plan que l'architecte, seul pourvu d'imagination et de science, sait tracer. En effet, les géomètres de la classe dont il s'agit, préoccupés uniquement du matériel et du mécanisme de l'exécution, ne sentent point l'harmonie linéaire; « ils savent disposer les matériaux d'un édifice, « mais ils sont incapables d'en juger l'ensemble ; » conséquemment de composer un plan. Cette vérité n'est que trop prouvée par toutes les erreurs que commettent ceux de cette classe, qui osent tracer des plans et les exécuter tout ensemble. La nature des choses est telle à cet égard, qu'ils ne peuvent être que de simples agens pour l'exécution des bâtimens. Tout envahissement, au-delà de leur part, est une vraie félonie, puisqu'il tue l'art, et c'est ce qui a lieu de nos jours.

S'IL est incontestable, comme je l'ai avancé, qu'il existe chez un grand nombre d'architectes de nos jours, une apathie réelle contre les connoissances théoriques des deux branches de l'architecture, l'ordonnance et la construction; s'il est vrai que c'est par un travers d'esprit funeste, qu'ils croient avoir élevé leur art au plus haut degré, par la perfection du dessin où ils sont parvenus (1); il faut qu'ils sachent qu'au contraire, nous sommes restés à une grande distance de nos maîtres, en vrais talens; et ce ne peut être que par une instruction étendue, approfondie des principes d'ordonnance et de construction qu'ils possédoient éminemment, que nous pourrons nous approcher d'eux.

CETTE apathie fatale que je déplore, a une autre cause extraordinaire; vingt années de révolution. Par ses effets, les architectes de mérite sont restés dans l'inaction, isolés par la destruction de l'Académie royale. Les architectes, jeunes encore, distraits des anciennes études, ont été réduits à dessiner et composer seulement des projets gigantesques, sans objet pour l'exécution, provoqués par

(1) J'ai fait, dans cet Ouvrage, quelques remarques sur cette présomption, si nuisible aux progrès et à la perfection de l'architecture.

des concours publics si nuisibles aux beaux-arts; puisqu'aucun chef-d'œuvre quelconque n'est dû, et ne peut être obtenu par le mode des concours. La justice commandoit cette réflexion.

Un ami éclairé des arts, a dit :

« En architecture, l'art ne sauroit s'exercer sans l'aide de la « science; et, si cette dernière manque, ce n'est pas seulement « la réputation de l'artiste qui se trouve compromise; la fortune « et la vie de ses concitoyens sont en danger. Un architecte « ignorant est un homme dangereux. (1) »

Pénétré de cette vérité : la nécessité de la science pour l'architecte; après avoir été, dès mes premiers pas, dans la carrière des arts, introduit dans une route sûre par un maître habile (2); la théorie de l'architecture antique, de la moderne entée sur elle, devint l'objet de mes études et pour l'ordonnance et pour la construction; la première, cette antique source commune, où puisèrent les Brunelleschi, les Bramante, les Michel-Ange, et tous les grands maîtres depuis la renaissance des arts; la seconde, leurs propres ouvrages qui, par leur perfection sont devenus des modèles.

L'exposé, que je fais de l'ordre de mes études, m'est inspiré pour l'utilité des élèves. Je le fais, pour bien déterminer quelle est la voie qui conduit à la science propre et particulière de l'architecture dans ses deux branches, l'ordonnance et la construction; je le fais pour prouver que les élémens de cet art sont totalement différens de ceux particuliers au mécanisme de l'exécution des bâtimens, qu'enseignent les mathématiques; les auteurs que je vais citer, les seuls guides dans l'art de composer et de construire, sont tous des architectes et non des mathématiciens.

(1) Journal de l'Empire, 28 août 1807. (2) M. Chalgrin.

Les définitions suivantes, applicables spécialement à la seconde branche de l'architecture, détromperont ceux qui confondent « la « science de la construction, avec les procédés à suivre pour bâtir, « partie mécanique de l'architecture, » partie incapable par elle-même, de garantir la solidité des bâtimens.

La science de la construction, rappelons ses élémens, consiste : dans les rapports généraux et particuliers des masses, créés par le génie des anciens ; dans les combinaisons diverses dont elles sont susceptibles selon leur module et le degré des espacemens entre elles ; consistent encore dans les proportions entre les pleins et les vides, entre les hauteurs et les épaisseurs ; dans l'unité du centre de gravité, dans les mêmes murs, à compter de leurs fondemens à leurs sommets (1) ; enfin, dans la force propre de chacune des parties. Tous ces rapports divers, réunis, constituent l'équilibre nécessaire entre la puissance et la résistance ; conséquemment, la stabilité positive des édifices. Et, comme ces divers rapports appartiennent essentiellement à l'art, ils sortent nécessairement de la sphère des calculs arithmétiques.

La doctrine, en effet, qui enseigne cette théorie, est déposée dans les ouvrages écrits et les compositions des Vitruve, des Léon-Baptiste Alberti, des Palladio, des Vignole, des Scamozzi, des Serlio, des Philibert Delorme, des Ducerceau, des Blondel, des Perrault, etc. Les ouvrages de ces hommes de génie, offrent le précepte et l'exemple pour la solidité des bâtimens, comme ils le sont en général par le genre et le caractère propres de l'architecture (2).

(1) L'omission de ce principe dans la construction d'un édifice public, a causé des effets de destruction considérables dans l'un de ceux qui me sont confiés aujourd'hui.

(2) Il serait desirable que dans l'École spéciale d'Architecture, l'on ajoutât aux médailles que l'on distribue dans les concours, les ouvrages de ces grands maîtres : les élèves sauroient qu'ils doivent

QUANT aux traités des Lahire, des Parent, des Fraisier, des Bélidor, etc., etc., tous mathématiciens célèbres, qui ont écrit sur le mécanisme des constructions à compter du commencement du dix-huitième siècle, époque où les plus grands, les plus beaux, les plus solides édifices existoient en France; les leçons qu'ils renferment, sont entièrement étrangères aux principes de composition en architecture, comme à ceux fondamentaux de la construction; ces leçons ne sont applicables qu'au matérialisme de l'art, si je peux m'exprimer ainsi, utiles pour les procédés dans l'exécution seulement.

CETTE dernière proposition est démontrée constante et vraie pour tout architecte instruit; elle est prouvée par les faits les plus avérés; le Panthéon-Français, la Halle au bled de Paris nous en fournissent les plus grandes preuves.

L'ART du trait, l'appareil le plus rigoureux, le plus parfait, brille dans toutes les parties des constructions du premier édifice; les principes en sont puisés dans les ouvrages des savans que je viens de citer; et cependant, cet art du trait n'a pu défendre d'effets de désunion, de destruction, les piliers du dôme; ni de lésardes, les plates-bandes et les voûtes du portique extérieur au *levant*, nouvellement construit, contre l'insuffisance des masses dans les plans. L'art du trait également, dans le second édifice, la Halle au bled de Paris, n'a point compensé la trop foible épaisseur de ses murs extérieurs qui ont cédé à l'effort de la voûte annulaire des greniers.

LES grands maîtres en architecture que je viens de citer, sont donc les seuls auteurs de la science de l'art de composer et de construire; c'est donc dans leurs ouvrages qu'il faut la puiser. Et c'est après avoir

s'instruire, et quelles sont les sources qui contiennent la science.

fait l'application des règles recueillies dans ces mêmes ouvrages dans les constructions nombreuses, dont j'ai été successivement chargé, que je conçus le projet de former un corps de doctrine, des observations qu'ils m'inspirèrent, appuyées d'extraits, comme autorité. Alors je traçai, pour mon usage, un plan que je distribuai en deux divisions principales, indiquées par la nature du sujet lui-même; la première, celle de l'ordonnance; la seconde, celle de la construction des bâtimens; ensuite, me flattant que cette collection de principes pourroit concourir à l'instruction, je me décidai à les publier. L'utile leçon d'Horace, « de consulter longtems ses « forces; de juger de ce que l'on ne peut remplir (1) », cette leçon n'étoit point effacée de ma mémoire.

AUSSI, avant de livrer à l'impression la première partie de ce Traité d'Architecture, je ne me suis pas dissimulé toute l'étendue d'une telle entreprise; de présenter au tribunal sévère des artistes et des amateurs de ce bel art, le fruit de mes études comme écrivain; j'ai jugé de toute la difficulté de mettre dans un juste rapport l'idée avec l'expression, de répandre dans le discours cette clarté qui la fait saisir et comprendre; de lui imprimer ce caractère de logique et de droit sens, sans lequel un ouvrage de ce genre, n'est qu'une compilation plus ou moins radicalement indigeste. J'ai jugé enfin combien il étoit nécessaire de captiver par le charme du style le lecteur instruit et délicat.

MALGRÉ ces fortes et diverses considérations, bien capables de comprimer mon élan; malgré d'ailleurs, l'agitation où la tourmente révolutionnaire avoit jeté mon esprit, lorsque je classai les matières de mon premier volume; enhardi, sur-tout par l'exemple des plus célèbres architectes qui tous ont écrit sur l'art; j'ai pris la plume,

(1) *Sumite materiam vestris, qui scribitis, etc.*

et j'entrai dans la même carrière que celle qu'ils avoient parcourue, bien déterminé, à leur exemple, de m'occuper en écrivant, plus des choses que des mots, plus du fonds que de la forme.

L'EXÉCUTION complette de cet Ouvrage, comme on le sait, a été longue, mais je puis assurer que son achèvement est dû à l'accueil qu'il a obtenu d'un nombre d'architectes de France et de l'étranger (1).

LE lecteur attentif a pu remarquer que dans le cours de ce même Ouvrage, indépendamment des citations qui s'y rencontrent, j'ai constamment distingué toutes les idées puisées dans différens auteurs, pour corroborer les miennes ; je n'ai point voulu que l'on m'appliquât les réflexions d'un écrivain qui a dit avec autant d'esprit que de vérité :

« LA littérature, le théatre, les beaux-arts (en général) ne sont « plus que de vastes friperies où les auteurs vendent de vieux « habits. »

JE n'ai point voulu que l'on me comprît dans la classe des faiseurs de livres avec des livres ; de faiseurs de plans avec des plans d'autrui, classe qui fourmille. « En effet, pourquoi tels écrivains, tels artistes « se donneroient-ils la peine de penser ! d'autres ont pensé pour « eux ; une plume, un crayon, de l'encre, du papier ; voilà tout « ce qu'il leur faut. »

LA collection des planches que renferme ce quatrième volume, annoncée dans la première partie (avant-propos, p. 8.) permet au public de juger si j'ai été observateur fidèle des lois que je proclame

(1) La réimpression d'un grand nombre de chapitres de mon Ouvrage, que je vais faire successivement, me permet de m'expliquer ainsi.

sur l'art d'ordonner et de construire les bâtimens. Car il arrive souvent; « que ceux qui parlent le plus des règles et qui les savent « le mieux, font des ouvrages que personne ne trouve beaux. »

LE public, à la lecture de mon Traité, à l'inspection de mes dessins, prononcera si ce dernier trait peut également m'atteindre. Les productions de l'architecture, comme celles des autres arts, lui appartiennent; il jugera mes dessins et mes écrits; en érigeant des édifices, en imprimant des discours, je me suis soumis à la critique.

MAINTENANT,. mes vœux sont que les principes répandus dans mes ouvrages, puisés dans les sources les plus pures, obtiennent à ce titre, la faveur qu'ils méritent; qu'ils reprennent l'empire qui leur appartient; qu'ils soient à l'avenir, l'unique boussole pour diriger les grandes constructions publiques; révolution desirable, et que les anciennes études de l'architecture, depuis longtems abandonnées, peuvent seules opérer (1). Par ce retour, vers la connoissance des vrais principes, les nouveaux systêmes en construction qui dominent si impérieusement et si généralement à cette époque, les points d'appui indirects (2), les grils de fer (3), les tours de force dans l'appareil des pierres; moyens instantanément secourables à l'exécution des mauvais plans, qui sans leurs secours ne pourroient exister un instant; moyens qui favorisent la paresse des uns, rendent téméraire l'ignorance des autres; par ce retour, que j'invoque, tous ces moyens divers enfantés et adoptés par des mathématiciens, seront abandonnés. Désormais, par une conséquence nécessaire de

(1) *Des anciennes Études de l'Architecture, etc.* Paris, 1807. Discours compris dans ce 4e. volume.

(2) *Des Points d'appui indirects*, 2e. partie, chap. V. Paris, 1801.

(3) *De la Construction des édifices sans l'emploi du fer, etc.* Second volume. Paris, 1803.

ce même retour vers les principes, les points d'appui directs, qui naissent d'un bon plan, la coupe des pierres à la manière des anciens, si simple et si forte, constitueront exclusivement la solidité des édifices. L'architecture, repoussant tout ajustement moderne, offrira des masses larges, bien proportionnées, bases premières de la stabilité ; elle reparoîtra avec son caractère antique ; elle dédaignera les secours factices et trompeurs, les seuls que les sciences exactes peuvent procurer, pour l'ordonnance et pour la construction.

« Il est très-remarquable, selon un écrivain vivant, que les siècles « où les siences ont été cultivées avec le plus de succès, ont aussi « produit les systêmes les plus absurdes, les théories les plus extra- « vagantes, les conceptions les plus déraisonnables : »

Ces réflexions sages et vraies, sont parfaitement applicables aux innovations survenues dans la construction des édifices publics vers la fin du dernier siècle, et qui sont tant en vigueur au commencement de celui-ci.

Un orateur célèbre a dit :

« Les sciences ont une marche progressive; elles s'avancent de « découverte en découverte, à l'aide des méthodes et de l'expé- « rience perfectionnées ; plus elles sont modernes, et plus elles ont « de certitude et d'autorité. Il n'en est pas ainsi des doctrines des « beaux-arts ; ce qui est nouveau est rarement solide ; le talent « qui veut plaire doit vivre dans des siècles reculés, un air antique « est sa première beauté. »

Cette distinction si juste entre les sciences et les beaux-arts, parfaitement applicable à l'architecture, puisque les productions de cet art ne sont belles qu'autant qu'elles se rapprochent davantage du caractère de l'antique ; cette distinction seule prouveroit que l'architecture n'appartient nullement aux sciences mathématiques. Conséquemment, qu'elle ne peut être perfectionnée par elles.

LES points d'appui directs, seul genre de construction des anciens et de tous les grands architectes modernes, par leur rappel, excluront donc tout emploi du fer dans la construction des édifices publics ; le fer, qui dans les péristyles et les voûtes, altère la force des sommiers, des claveaux et des voussoirs, ainsi que je l'ai démontré dans cet Ouvrage (1). Le fer qui, selon la remarque que j'en ai faite, employé comme le nerf des constructions, est dans une lutte permanente contre les efforts de la puissance auxquels il doit céder tôt ou tard ; lutte que le raisonnement démontre, et que confirme l'expérience. Vignole, consulté à l'occasion du baptistère de la cathédrale de Milan, où l'architecte vouloit employer dans la construction, des tirans de fer, pour assurer la solidité de grands entre-colonnemens, impossible à obtenir sans leur secours ;

VIGNOLE répondit :

« LES édifices ne doivent point se soutenir avec des chaînes. »

IL est à remarquer que ce baptistère n'est qu'un petit édifice dont le plan est composé de quatre colonnes érigées dans l'intérieur de l'église. Quelle leçon pour ceux qui se permettent de construire les bâtimens les plus importans, avec le secours du fer, et sans lequel ils périroient en naissant !

DE nos jours, l'on prétend imiter les anciens dans l'ordonnance de leurs péristyles, et l'on n'étudie point le genre de construction

(1) *De la Construction des édifices sans l'emploi du fer*. 2e. volume. Paris, 1803.

qui les fait subsister depuis des siècles; s'ils y eussent employé le fer, l'art étoit perdu pour toujours.

LES architectes de l'antiquité, que l'on prétend imiter, n'ont jamais violé, comme on le fait de nos jours, la loi fondamentale qui veut que les masses portées par deux murs en regard, de même épaisseur et nature de construction, soient toutes semblables en hauteur, ayant un même poids spécifique. L'appareil des pierres le plus étudié, l'application des armatures, ne peuvent rien contre une surélévation ou accroissement de masses sur une seule des parties portantes. Nous observerons sur l'emploi du fer uni à la pierre, que l'art de bâtir condamne dans les édifices publics, qu'il peut être admis dans les bâtimens ordinaires (1). Il convient principalement adapté à la charpente dans les édifices publics, même pour la conforter et suppléer à la force réelle des bois, les garantir des accidens de la décomposition trop ordinaire à laquelle ils sont plus que jamais exposés. Le fer procure au bois le plus foible, une force supérieure à celle de bois des plus grosses dimensions; force inaltérable d'ailleurs (2).

AU reste, si ce retour heureux, l'emploi des points d'appui directs ne s'opéroit point; si le facile et expéditif moyen des chaines continuoit à être le lien unique de la force des bâtimens; il n'y auroit plus d'architecture en France; et cet art se précipiteroit,

(1) Ouvrage *idem : De l'emploi du fer.* S'il est permis d'avoir recours, pour la solidité des constructions, à l'emploi du fer, il ne doit paroître que dans les bâtimens ordinaires et particuliers, qui ne peuvent avoir des épaisseurs dans leurs murs proportionnées à leur hauteur.

(2) Je fais un constant usage, dans mes constructions, du fer appliqué à la charpente; plusieurs des hôpitaux en offrent l'exemple : la solidité de la voûte en charpente de la salle de vente de la succursale du Mont-de-Piété, que je construis, dépend de l'application du fer dont sont armées les pièces principales.

avec d'autant plus de rapidité, dans la barbarie vers laquelle aujourd'hui il a une tendance bien prononcée; époque cependant où les sciences mathématiques et physiques jettent le plus grand éclat.

EN EFFET, remarquons-le, les beaux-arts ont langui dans nos troubles civils; au contraire, les sciences mathématiques, les sciences physiques ont acquis un progrès admirable, et sur-tout les dernières, à compter depuis vingt-deux ans (1).

LES innovations faites dans l'art de bâtir, par l'influence des sciences exactes, et que je combats, me rappellent la pensée d'un auteur distingué, notre contemporain.

« IL y a barbarie de science, dit-il, comme barbarie d'ignorance, et la première est la pire des deux. »

MAIS, pour opposer une digue puissante et capable de préserver l'architecture de cette catastrophe qui paroît si prochaine (2), il faut que l'amour de la science, celui des principes invariables de l'art et du goût, renaisse chez les élèves architectes. Il faut qu'il leur soit démontré que les compositions les plus séduisantes en dessins, ne sont que fugitives et légères, sans la science; que par elle on évite, dans l'invention des plans, de commettre les erreurs grossières telles que celles que nous offre un trop grand nombre de bâtimens publics nouveaux que les auteurs ont osé soumettre à l'épreuve redoutable de l'exécution. Aussi, ces frêles édifices, construits depuis vingt ans, n'auront-ils qu'une durée passagère, livrés d'ailleurs à des réparations, à des entretiens continuels et ruineux. Sans la science encore, le scandale de la démolition complette des murs

(1) Rapport historique sur les progrès des sciences physiques depuis 1789, et sur leur état actuel. A Paris, chez Arthur Bertrand, rue Haute-Feuille.

(2) *De la Décadence de l'Architecture, etc.* 1800.

de l'église de la Madeleine, dont j'ai publié les motifs et la nécessité ; ce scandale se reproduiroit encore dans nos édifices publics à construire (1).

Je dis scandale, parce que cette église très-avancée dans ses premières constructions ; si les travaux eussent été continués, lorsque l'édifice eût été érigé à l'extérieur, jusques et compris les chapiteaux des colonnes aux plans des plates-bandes et des plafonds ; dans l'intérieur, à la naissance des voûtes ; toutes ces parties supérieures de l'édifice eussent été inexécutables d'après les vices du plan (2).

L'impartialité me commande de reconnoître à ce sujet que les architectes, simples dessinateurs, ne sont pas les seuls qui érigent des édifices légers, soumis à d'inévitables réparations, à des reconstructions.

En effet, des monumens, à Paris même, qui datent du commencement de ce siècle, jusqu'en 1811, confiés à de très-savans calculateurs, sont dans le même besoin de réparations. Un d'entre eux en a éprouvé l'année dernière de très-fortes ; un autre de même espèce exige, en ce moment, des travaux qui seront convertis nécessairement, en reconstruction totale ; plusieurs autres sont soumis à de semblables réfections (3).

(1) Entre les différens édifices publics dont je suis chargé de la direction, depuis peu d'années, il y a nécessité de réparer et de conforter de grandes parties de leurs bâtimens. L'un d'entre eux, et le plus important, a de longueur 282 pieds, de largeur 39 pieds, et 60 pieds de hauteur. Ces confortations sont nécessitées par suite d'opérations faites il y a quinze ans.

(2) *Principes généraux et particuliers des voûtes des péristyles, des dômes, etc.* pag. 57, 58, 59 et 60. Paris, juin, 1809.

(3) Ces accidens sont prévus pour deux de ces édifices, et annoncés dans mon *Traité d'Architecture*, chapitre *De l'impuissance des mathématiques*, pag. 10, 11, 12 et suivantes. Paris, 1805.

UN quatrième édifice, et d'un tout autre genre que les précédens, aussi l'ouvrage d'un habile géomètre, exigera un jour de nouvelles mesures en forces, pour en assurer la conservation.

CE n'est donc que par la science des principes de l'art, que l'on peut tracer des édifices dont les plans soient bien massés, première condition d'une belle ordonnance et d'une solide construction ; par elle seule l'on évitera de tomber dans des fautes aussi graves que celles que je relève ici.

LES erreurs commises par les architectes contre la solidité, tiennent au défaut de la connoissance des principes de la construction.

LES erreurs contre la solidité faites par les géomètres, sont causées par leur nullité dans l'art de composer des plans en architecture.

LA science, celle dont je parle, rend l'architecte capable d'embrasser les plus grandes et importantes opérations qui intéressent le service des bâtimens publics, et qui se succèdent sans cesse. D'abord, l'invention et l'exécution des palais, des temples, des ponts, etc. ; ensuite, l'application des règles de l'art aux constructions, telle par exemple : la restauration des piliers du dôme de Ste-Geneviève, le Panthéon-Français, problême que celle exécutée aujourd'hui n'a nullement résolu (1) ; tels aussi qu'ont été les projets de coupoles de la Halle au bled de Paris ; telle encore la construction projettée d'une voûte en pierre de soixante-treize pieds dix pouces sept lignes de diamètre et de quatre-vingt-cinq pieds de hauteur sous clef, du Temple de la Gloire (2) ; et en général, toute composition de péristyles, de

(1) Assertion prouvée dans mon *Traité des voûtes*, pag. 66, 67, 68, 69, 70, 71, 72 et 73. Paris, juin 1809.

(2) Voir la Notice, à la fin de ce volume, sur cet édifice.

voûtes, même d'un module moyen, dont l'exécution est si difficile sur de simples murs, bien plus encore sur des corps solitaires comme sont les colonnes.

La difficulté de bâtir solidement les voûtes, les péristyles, que je rappelle ici, sera démontrée de nouveau d'une manière éclatante, dans la construction d'un grand édifice dans lequel les péristyles et les voûtes sont les parties principales de son ordonnance, quoique d'un module bien inférieur à ces mêmes parties du Temple de la Gloire, et d'une toute autre destination. Attendons qu'il soit arrivé à la naissance des plates-bandes et des voûtes; ce sera le jour d'épreuve.

Les architectes consultés dans les circonstances d'éclat que je viens de citer, seroient, sans la science, obligés de mendier et de recevoir des argumens communiqués, toujours fautifs, et mal digérés, dans les ouvrages qu'ils ne connoissent que de nom et à l'aventure, des idées analogues au sujet qu'ils auroient à traiter, et dont ils ne feroient que de fausses, de dangereuses et de mal-adroites applications; et cependant, sans ces ressources misérables, ils resteroient étrangers, muets aux discussions auxquelles ils devroient prendre part pour le service des bâtimens publics; sinon de dire, comme il est arrivé en pareille circonstance, et d'un ton magistral:

J'exécuterois cela, j'aurois mes moyens. J'ai fait des constructions semblables qui ont réussi (1).

(1) Eh bien! je le dis avec regret, tel est aujourd'hui l'état dans lequel se trouvent des architectes qui jouissent d'une certaine réputation; il leur faut une forte dose d'amour-propre pour les consoler de leur nullité réelle pour le fonds; et pour la masquer par de pareilles forfanteries.

Il en est d'une autre espèce qui s'emparent des pensées d'autrui, comme les frelons dévorent le miel des abeilles, qui les donnent, sans mot dire, comme leur propriétés, et qui, comme ces insectes

VOILA les écueils que rencontrera tout architecte qui n'est qu'un simple dessinateur.

MAIS, indépendamment de ces grandes circonstances en architecture, il en est de moins importantes, mais qui sont fréquentes et journalières, qui intéressent la confortation des édifices et la sûreté des personnes, et malheureusement, les hommes capables de ce service même ordinaire, ne sont pas nombreux (1). Les juges en ce genre de service, privés de science, prononcent leurs arrêts, d'après quelques recettes générales qu'ils ont recueillies.

UNE autre considération assez puissante encore, du besoin de la science de l'art pour l'architecte, est de pouvoir dans tous les tems, défendre ses propres ouvrages, souvent contre l'envie ou la présomption de l'ignorance ; ou contre des novateurs en crédit, qui, le plus souvent, font ployer leurs systêmes aux cas divers qui se présentent, et d'après des considérations particulières (2). Avec la science, l'architecte forcera et les uns et les autres au silence ; il démontrera devant l'autorité elle-même, qui a le droit de l'interpeller, par la force de la raison, la certitude des principes auxquels il a soumis ses compositions, et prouvera qu'il est digne d'ériger les monumens publics. Les vrais architectes applaudiront au succès de son plaidoyer.

LE Gouvernement, éclairé d'une part sur les grandes compositions d'architecture, par les discussions qu'il aura provoquées, n'éprouvera

stériles, ne produisent rien de leur propre fonds.

(1) Une expérience particulière m'autorise à m'exprimer ainsi.

(2) Je m'interdis de citer certains traits de cette espèce très-récens. Des questions importantes pour la solidité d'édifices publics ont été résolues dans *deux sens* tout-à-fait contraires par la même personne, sous des formes différentes. Le tems découvrira lequel de ces *deux sens* est le véritable, à l'égard de ces mêmes monumens.

plus d'oscillations dans ses déterminations, ni de craintes pour le succès des constructions qu'il ordonne, qu'il veut être dignes de lui, et durables à toujours si les ouvrages des hommes pouvoient être éternels. L'on ne reprochera plus aux architectes dans les grandes questions sur leur art : « de discuter longtems sans s'accorder. » Ils posséderont, ils professeront tous la même doctrine. Il sera bien prouvé alors que les architectes sont les juges naturels, nécessaires de toutes les questions relatives à l'art de bâtir, la construction des voûtes, des plates-bandes, des plafonds, etc., etc., parce que seuls ils peuvent prononcer un arrêt certain en ce genre ; puisque seuls, ils savent composer des plans et connoître toutes les qualités qui les constituent ; car il ne peut exister aucun édifice, beau, solide, sans un plan, sur lequel toutes les parties en élévation se coordonnent entre elles dans les rapports que l'art prescrit pour l'ordonnance et la solidité ; rapports, devant lesquels les calculs des hautes mathématiques appliqués à l'architecture disparoissent. D'une autre part, les architectes, formés à l'école de nos grands maîtres, n'éprouveront plus de tristes scènes en débats, que subissent journellement des artistes estimables à bien des titres, dans lesquels ils ont succombé sous l'ascendant des systèmes nouveaux en construction, par leur foiblesse sur les vrais principes ; je ne décrirai aucun de ces débats ; je ne veux point lever un appareil douloureux, je dirai seulement que ces misérables scènes ne peuvent que se multiplier à l'avenir, d'après l'esprit dominant chez les architectes contre l'étude de la théorie de l'art.

L'ARCHITECTE, dirai-je encore, peut, avec la science seule, recouvrer l'exercice complet de ses fonctions, obtenir la plénitude des pouvoirs qui lui appartient, et dont il doit jouir pour le succès de ses opérations ; et pour 'intérêt public ; par la science, les intrigues sont enchaînées ; par elle il fixera en lui la confiance de ceux qui l'emploient.

CESSEZ donc, ô vous qui prétendez aux talens d'architectes, de dire :

LES uns, « je ne lis point, cela m'ennuie. »

LES autres, « je ne lis point, mais je juge. »

VOUS encore qui dites ;

« JE ne lis point, mais j'intrigue et j'obtiens des édifices à construire. »

HÉLAS ! l'on ne s'apperçoit que trop dans vos bâtimens, que vous ne lisez point. Tout commande sur-tout aux architectes placés sur le trottoir, qui veulent faire de bons ouvrages, de reconnoître le besoin, les avantages de l'instruction ; et, pour l'obtenir, ils doivent se livrer à toutes les lectures utiles sur leur art.

ENFIN, j'ajouterai sur un sujet si important en architecture ; c'est en vain qu'il existe de nos jours des calculateurs instruits et exercés sur le toisé des bâtimens, pour dresser des états approximatifs des valeurs des différentes natures de travaux, pour connoître le total des dépenses diverses des édifices à construire ; si l'architecte qui emploie ces agens, n'est pas savant ordonnateur et savant constructeur.

EN EFFET, le calcul des quantités des ouvrages de natures différentes qui entrent dans la structure d'un bâtiment ; le travail du toiseur, repose en entier, sur les proportions de toutes les parties qui les constituent, déterminées par l'architecte ; dans l'espèce, les qualités des matériaux à employer, et le genre de l'appareil des pierres et des bois (1). Ses fonctions, son honneur, lui imposent

(1) L'architecte doit aussi, pour l'exactitude des opérations du toiseur, fixer les élémens des valeurs des ouvrages de toute nature dans l'emploi du tems et celui de

de remplir seul ce genre de travail, et sans la science, il reste incapable d'y satisfaire. Si donc, le calculateur est livré à lui-même, comme cela se fait généralement, les connoissances théoriques de l'architecture lui étant nécessairement étrangères, l'impossibilité absolue où il est d'ailleurs, d'embrasser toutes les parties qui doivent concourir à la formation d'un édifice; il ne produira que des états imparfaits, quelque exercé qu'il soit dans le toisé des bâtimens qui fait son état particulier.

L'EXPOSÉ qui précède de tant de motifs différens pour être savant architecte, est bien capable, sans doute, d'allumer chez les élèves l'amour de la science, le goût de l'étude du corps entier des chefs-d'œuvre de l'architecture, au lieu de se borner uniquement à celle des surfaces et des ornemens. Par la science de l'art qui, selon sa définition propre, « est un système de connoissances entièrement liées entre elles et fécondes en utiles applications; » par elles, ils obtiendront un véritable talent.

ET, pour arriver à ce terme, les jeunes architectes, ceux que la nature a formés pour les beaux-arts, ceux qui sentent une forte influence pour les exercer, sans laquelle, comme l'a dit Boileau :

« POUR eux Phébus est sourd, et Pégase est rétif; »

ces élèves, faits pour leur art, ne doivent jamais perdre de vue l'immense distance qui sépare les bonnes compositions en architecture qui ont été exécutées, de celles qui n'existent qu'en dessins, quelque intéressantes qu'elles soient.

la matière; connoissances que l'observation et l'expérience apprennent, et qu'il doit également réunir.

Le magistrat habile qui régit le département de la Seine en a jugé ainsi dans la constitution qu'il a faite de son conseil des travaux publics.

LES premières sont des productions complettes :

LES secondes sont de simples apperçus d'ordonnance soumis à des variantes inévitables dans l'exécution. Un homme de lettres, qui connoît et aime les arts, a dit :

« LE public n'attache aucune importance à des projets d'architec« ture que l'exécution ne doit pas suivre. »

CETTE réflexion est vraie, et d'autant plus fondée que, relativement aux architectes eux-mêmes, dont on parle dans les sociétés, l'on se demande : Quel édifice a-t-il bâti ?

LES seuls architectes, et un petit nombre d'amateurs, savent apprécier le mérite d'un dessin d'architecture sous les rapports de l'invention.

MALGRÉ l'amas énorme, disons-le, en projets d'architecture dont nous sommes inondés ; cet art néanmoins semble n'avoir rien produit de remarquable depuis la révolution, dans le petit nombre de ceux qui ont eu les honneurs de l'exécution, qui renferment pour la plupart, des élémens abondans de ruines, ou qui n'existent que par le fer.

LA preuve de cette pénurie dans laquelle nous sommes à cet égard, se trouve dans les jugemens qui ont été portés pour les prix décennaux ; un seul a été décerné à l'architecture.

A LA VÉRITÉ, il y avoit bien lieu de donner un grand prix et en premier rang, à l'architecte, auteur de la restauration du palais du Luxembourg (1), dont les travaux ont été terminés en 1810,

(1) M. Chalgrin.

par la construction d'un vestibule et d'un escalier principal, pour le service des corps de bâtimens à l'*est* et au *sud.*

D'ABORD, cette grande et belle opération est remarquable en général, par le jugement et la sagesse que l'architecte a mis en conservant dans toutes les façades de l'édifice, les nobles proportions dues au génie de Desbrosses; en sorte que bien loin d'avoir porté aucune atteinte à l'ordonnance du monument, comme nous en voyons le triste exemple de nos jours, dans un autre édifice du premier ordre; au Luxembourg, les parties ajoutées à l'extérieur sont en concordance avec celles tracées par le premier architecte. Il est remarquable que M. Chalgrin a ouvert les galeries sous les terrasses de la façade extérieure de ce palais, comme Desbrosses lui-même, a ouvert celles du château de Colombières en Brie. L'on voit d'ailleurs dans ce dernier édifice, sur les ailes, dans leur milieu, un avant-corps de quatre colonnes, tel que celui adapté récemment au Luxembourg.

QUANT aux travaux faits dans les intérieurs du palais, les vestibules qui conduisent au jardin, le grand et premier escalier construit dans l'aile à l'*ouest*; ces morceaux d'architecture, par l'excellent genre de leur ordonnance, sont dignes des beaux tems de l'art en France, quelques obstacles qu'opposassent les données des anciennes constructions; cette restauration qui exigeoit un grand talent chez l'artiste, lui méritoit à toutes sortes de titres, une couronne dans le concours des prix décennaux.

L'ON a avancé, il est vrai, contre la restauration de ce beau palais: « Que la suppression de la terrasse et l'addition des avant-« corps de la cour, ont porté atteinte à l'ordre et à la symétrie. »

CES observations sont d'un certain poids; mais l'on peut répondre à la première que la nouvelle destination de ce palais, a exigé l'addition d'un étage sur la terrasse côté des jardins; l'on peut dire contre la seconde de ces observations, que l'addition des avant-corps de la cour est motivée; l'un, par le nouveau vestibule dans l'aile à l'*est*; l'autre, pour l'arrivée au grand escalier dans l'aile à l'*ouest*. Je reviens à mon sujet.

J'INSISTERAI à dire aux élèves architectes : vous devez tout faire pour être savans, afin de vous préserver des angoisses de voir un jour vos constructions se déchirer et même écrouler; effets de destructions trop communs aujourd'hui, comme on le sait, dans des édifices nouveaux. Je leur dirai : pénétrez-vous bien de la vérité suivante, révélée par un écrivain observateur de l'état actuel des beaux-arts; il s'explique en ces termes : « Les artistes dont « la réputation n'est pas fondée sur un véritable talent, abandonnés « à eux-mêmes, tombent par leur propre poids dès que la machine « qui les soutenoit en l'air, cesse un moment son action et son « jeu. »

AUSSI, tels et tels architectes, pour éviter cette chance redoutable dans la carrière qu'ils parcourent, et d'être précipités dans le néant, employent-ils tous les moyens qui sont en leur pouvoir, pour s'en préserver. Leur but principal est de jouer un rôle qui leur profite pour le présent. On pourroit leur dire avec un auteur du jour : « Vous mangez votre immortalité en herbe, votre gloire « est fragile et périssable comme vos ouvrages. »

LES conseils que renferme ce Discours sur la nécessité pour l'architecte d'être savant, ne s'adressent qu'à des artistes; je n'écris point pour cette espèce d'architectes auxquels les orages de la révolution ont donné naissance, et qui sont parvenus même à obtenir l'érection d'édifices publics. Cette sorte d'architectes ne prend aucun intérêt aux progrès de l'art qu'ils ne connoissent pas; mes conseils seroient inintelligibles pour eux. On pourroit leur dire, avec un ancien : *odi profanum vulgus*.

Les vœux que je forme encore, et que je dois manifester, sont que les architectes, les amateurs de cet art, soient convaincus que dans tous les discours qui composent mon œuvre, je ne professe aucun systême nouveau pour l'étude de l'architecture, mais seulement, les principes invariables de l'art et du goût. Quant aux observations, aux réflexions diverses et incidentes dont ces mêmes discours sont semés, elles ont été inspirées par un esprit franc; j'ai voulu par elles instruire, sans affliger les artistes, en ne me livrant qu'à des discussions impartiales, et uniquement dirigées sur leurs œuvres et sous les seuls rapports de l'instruction.

Ces réflexions m'ont été dictées pour faire renaître chez les architectes, le goût de la science, et qu'ils fassent recouvrer comme ils le peuvent à leur art, au dix-neuvième siècle, sous l'empire du plus grand des héros, tout l'éclat et le succès dont il a joui à différentes époques, depuis trois cents ans, ainsi que l'attestent les nombreux chefs-d'œuvre qui couvrent le sol de la France et qui l'honorent.

Mais, si les architectes doivent réunir à une heureuse et féconde imagination, la science de l'art qui en sera le régulateur, pour produire des édifices dignes d'être admirés de la postérité pour leur beauté et leur solidité; imagination sans laquelle ils ne pourroient concevoir ni tracer aucun beau plan; sans laquelle il leur seroit impossible même, de faire aucune restauration d'un temple, d'un palais, etc. (1);

(1) Les accidens survenus de nos jours, et à attendre, dans tels ou tels édifices nouveaux, les uns totalement neufs, les autres restaurés, prouvent qu'il n'y a point

Il faut aussi que les architectes soient traités dans l'exercice de leur art, selon la trempe et la direction de l'esprit qui est propre aux artistes en général ; ils doivent obtenir le degré de considération que leur état prescrit.

L'aliment, le soutien des beaux-arts, sont l'honneur et l'estime publique ; ces vérités sont reconnues chez toutes les nations civilisées ; je ne dois que les rappeler ici. Conséquemment, tout ce qui tend au contraire à avilir un art quelconque, est un fléau pour la société. Colbert, ce grand ministre, en jugeoit ainsi : c'est pourquoi, le peintre, le statuaire, l'architecte et les autres artistes recevoient de sa part un égal accueil. Cette mesure sage et habile a donné naissance aux chefs-d'œuvre qui ont illustré le dix-septième siècle. S'écarter de ce mode en administration, est favoriser, presser le retour de la barbarie.

L'architecture, comme je l'ai assez prouvé dans le cours de cet Ouvrage, est essentiellement un art, et non pas une suffragante qui releveroit des sciences exactes.

L'architecture fournit au poète, à l'orateur, les plus nobles, les plus justes comparaisons. Dans un discours récemment publié, un écrivain rendant compte d'un ouvrage, s'exprime en ces termes :

« Elevé avec tant de matériaux différens, il auroit été à craindre « que ce monument (le livre dont il rend compte), ne manquât « d'ensemble et de régularité, si une main sage et habile n'en avoit « dressé le plan, réglé les différentes parties, et donné à l'édifice « un caractère invariable d'unité. »

de bâtimens publics qui dussent être confiés à des mains ordinaires, novices ou ignorantes.

Les routines connues pour construire des bâtimens des particuliers ou d'un petit module, sont nulles, appliquées à des édifices de randes dimensions.

LES architectes habitent la même sphère intellectuelle et morale que le peintre, le statuaire, le musicien; et certainement les Michel-Ange, les Desbrosses, les Bernin, les Blondel, les Perrault, etc., étoient tous des hommes doués d'un génie fécond qui, nourri par la science, leur a fait produire les plus beaux monumens en architecture; donc les architectes sont de la classe des artistes et non pas de celle des géomètres. D'ailleurs, les études des uns et des autres, les fruits qui en résultent sont si différens!

L'ARCHITECTE, dont les premières qualités sont d'être doué d'une imagination vive et brillante, chez lequel « l'enthousiasme du génie « doit toujours être soumis au compas de la raison; »

L'ARCHITECTE, après ses premières études, celles des lettres, se porte avec ardeur vers la connoissance des beaux-arts. Ensuite, l'étude de la composition des plans d'édifices de tous les genres, empreinte du caractère propre qui leur appartient selon leur destination; cette étude absorbe toutes ses méditations; sa jouissance est de composer et de construire. Le véritable architecte attachera toujours le premier prix de ses talens, à la gloire d'exécuter ses propres dessins; sentiment naturel qu'il partage avec le poète, le peintre et le statuaire, jouissance si légitime, que tout tend à lui enlever aujourd'hui.

C'EST ainsi que Mansard, animé de ce noble esprit, est parvenu à créer Versailles, Trianon et Marly : dans le premier, l'ârchitecte a offert, pour me servir de l'expression d'un poète de nos jours, de fastueuses merveilles; dans les deux autres, les graces les plus séduisantes. Aussi, le même auteur ajoute-t-il : ces édifices ont épuisé les doctes veilles de l'art.

LE mathématicien, indifférent en général, pour les lettres et les arts (1), s'attache uniquement à la culture des sciences physiques ; il choisit celle qui l'attraie davantage ; de l'astronomie, et de la mécanique, etc., etc., auxquelles il fait l'application des mathématiques pures ; et ce choix constitue l'état qu'il exerce.

CERTAINEMENT les produits de ces sciences diverses n'ont rien de commun avec ceux de l'architecture. « Les lignes du géomètre « ne sont point celles de l'architecte. Les édifices de l'ordre pitto- « resque (et ce sont tous les ouvrages de l'architecture civile) « relèvent uniquement de l'art (2). »

IL résulte de ces différences dans la trempe de l'esprit du savant et de celui de l'artiste ; il résulte des directions opposées dans lesquelles ils se trouvent, que les liens qui les unissent à la société, ne doivent pas être les mêmes dans les fonctions qu'ils remplissent. Vouloir dans l'ordre administratif pour le service public, rendre communs ces liens au géomètre et à l'architecte ; les soumettre l'un et l'autre à des relations semblables, à une même organisation et à un même mode de travail, seroit une grande erreur qui seule s'opposeroit à ce que désormais, aucun bel édifice public ne s'érigeât en France. Les entraves qu'éprouveroit alors le génie de l'artiste par les formes nouvelles d'exercer son talent, flétriroient sa pensée, enchaîneroient son imagination. Désormais l'architecture ne seroit plus qu'un misérable métier, une simple commission.

QUE l'on y réfléchisse ; jamais les gens instruits en mathématiques ne manqueront ; ils abonderont autant qu'on le voudra pour le service public ; tous les emplois en ce genre seront fournis de sujets capables.

(1) Les idées de mathématiciens très-célèbres, contre l'éloquence, la poésie et les beaux-arts, sont très-connues, il seroit inutile de les reproduire ici.

(2) Journal de l'Empire, 19 août 1811.

Il n'en est pas ainsi en architecture ; l'on ne commande point de naître aux hommes de génie ; la nature seule les produit, et l'étude les façonne. Si un ouvrier intelligent suffit pour bâtir une maison ; il faut de l'art et du goût pour composer une simple laiterie ; il faut une imagination noble et grande, un jugement sain pour tracer, ériger un édifice public quelconque ; et ces qualités, le génie, le jugement et le goût, qui constituent le véritable architecte, sont rares.

En effet, à l'Ecole spéciale d'architecture, chaque année, un élève se distingue par le prix qui l'envoie à Rome : ainsi, après vingt ans révolus, il sembleroit que nous devrions posséder en France, vingt architectes du premier et au moins du second ordre ; et cependant, nous ne jouissons pas d'une pareille richesse.

La première des causes, il est vrai, commune à tous les arts, tient à ce que les hommes de génie ne sont jamais nombreux. Il est constant, d'ailleurs, que, entre la peinture, la sculpture et l'architecture, celle-ci, dans tous les siècles, a le moins produit de chefs-d'œuvre, assertion que j'ai développée dans la première partie de cet Ouvrage (1).

Les réflexions suivantes et nouvelles, relatives aux concours des Ecoles de peinture, sculpture et architecture, se présentent à faire.

Il existe une différence bien grande entre le travail de l'élève peintre, statuaire, et celui de l'élève architecte, par lequel ils obtiennent le grand prix dans chacune de leurs classes.

Les deux premiers, le peintre et le statuaire, embrassent dans

(1) Chapitre XLII, page 236. Paris, 1797.

leurs études, pour faire un tableau, pour exécuter un bas-relief ou une figure, les parties essentielles de l'art, étude de la nature, étude de la composition, réunion sans laquelle aucun d'eux ne seroit couronné.

L'ARCHITECTE dans le concours pour le grand prix, ne fournit qu'une partie de son art, l'invention, et nullement la connoissance de la structure des édifices, qui est celle de la construction; il n'offre donc que des dessins qui à l'égard de l'ordonnance même, selon la définition que j'en ai donnée, ne sont en réalité que de simples apperçus de compositions. Les dessins, d'ailleurs, qui paroissent dans les concours, sont plus composés de réminiscence que d'imagination, en sorte qu'on peut dire, que le talent des élèves est dans leur mémoire et dans leurs mains; état, à la vérité, assez général aujourd'hui, dans les lettres et dans les arts. Or, ce manque de l'étude de l'une des branches essentielles de l'architecture, est la cause des imperfections capitales qui rendroient ces productions des concurrens, sans exception, inexécutables; vérité sur laquelle je ne saurois trop insister; d'où il suit que les dispositions dans les plans et les élévations qui flattent le plus dans les dessins des élèves couronnés, ne peuvent exister que sur le papier.

JE le dis avec regret, l'impossibilité pour l'exécution des plans qui donnent le prix, ne fait que se reproduire dans les concours périodiques de l'Ecole, chaque année. Il sembleroit que les élèves n'étudieroient plus l'architecture, que pour donner des dessins de décorations à exécuter par la peinture.

FASSENT les destinées de cet art, qu'un jour, comme je le desire vivement, je puisse annoncer que les projets d'architecture dans les concours qui envoient à Rome les élèves pensionnaires de l'Empereur, sont l'œuvre du génie, du propre fonds des auteurs, et dont la combinaison des masses, pour les parties principales, les rendroit exécutables, qualités que l'on doit exiger d'eux dans leurs projets.

ALORS seulement le retour vers l'architecture antique, abandonnée après le beau siècle des arts en France, le dix-septième; ce retour qui date depuis l'érection du portail de l'église de St.-Sulpice, sera réel; alors, au lieu des simulacres de bâtimens antiques que nous voyons s'ériger, nous aurons des édifices publics dont le caractère sera vraiment d'une grande et belle architecture et d'une solidité complette.

LES fruits donc, les plus abondans de nos cours publics et particuliers, sont des dessinateurs, dans un genre plus ou moins éloigné de celui des anciens (1). La pratique du dessin, observons-le, s'acquiert, comme l'on apprend des leçons de mathématiques; il ne faut, à cette fin, qu'un esprit ordinaire dans les sujets qui se livrent à l'une ou à l'autre de ces études. Conséquemment, quelque habile dessinateur que soit un architecte, sans un génie propre et réel, sans le concours de la science de l'art, consolidée par l'expérience, il ne peut ériger que de foibles et misérables compositions.

JE n'entends pas par le mot expérience que j'emploie ici, la simple pratique; mais celle que les grands maîtres peuvent seuls posséder; parce qu'elle est le fruit de l'étude, du jugement, ce qui la fait se fondre avec la science elle-même.

PAR expérience, j'entends l'étude des faits, l'habitude du positif de la science, cette expérience qui revèle les secrets et les mystères de l'art de composer et de construire à l'homme studieux qui,

(1) L'architecte Oppenort étoit un dessinateur d'un degré supérieur, mais ses compositions sont d'une petite manière, et toutes d'un goût moderne.

doué d'une saine logique, marche d'un pas ferme dans le sentier que les grands architectes anciens et modernes ont parcouru avec tant d'honneur et de succès. Voilà ce qui dépend de la volonté de l'artiste.

MAIS aussi, l'architecte qui réunit ces divers talens, doit-il jouir d'une véritable liberté dans l'exercice de son art; sans elle, il ne produira aucun bel ouvrage; tout sera hésitation, foiblesse dans ses compositions (1).

DISONS encore que, pour obtenir des compositions parfaites en architecture, en vain l'on réuniroit les avis les plus multipliés pour les juger avant l'exécution; il ne faut d'ailleurs jamais perdre de vue l'ingénieux emblême :

MINERVE sortie armée de pied en cap du cerveau de Jupiter.

EMBLEME juste de l'unité qui doit exister dans l'invention des ouvrages d'art; et, comment l'obtenir cette unité essentielle, avec le concours d'idées plus ou moins disparates, résultats inévitables de nombreux conseils, quelque éclairés même que l'on en suppose les auteurs, et que la défiance fait recueillir aujourd'hui. Quelle atteinte n'ont pas portée encore à cette même unité, ces monstrueuses et indiscrettes associations qui se sont formées de nos jours, de plusieurs architectes, pour, en communauté, composer et construire les mêmes édifices.

EN VAIN, sous les rapports de la finance, disons-le, on emploieroit

(1) A l'époque où nous sommes, l'Architecture, qui doit diriger les autres arts dans tout ce qui se compose avec elle, non-seulement ne jouit pas d'une même liberté qu'eux, mais au contraire, est soumise et renfermée dans les limites les plus étroites, les plus extraordinaires, pour réaliser ses productions.

les règlemens les plus rigoureux, les plus sévères ; en vain par eux, le plus grand ordre régneroit dans l'emploi des fonds attribués aux constructions des édifices publics ; en vain les divers agens seroient intelligens, actifs, honnêtes dans leurs fonctions ; en vain, le mécanisme de l'appareil seroit confié aux hommes les plus capables en ce genre de travail ; tant de soins, tant de précautions seroient perdus, si le plan à exécuter n'est pas d'origine habilement conçu par le même cerveau, tracé par la même main ; si l'artiste enfin ne dispose pas de tous les moyens nécessaires à ses opérations.

Le Gouvernement, en l'absence d'un vrai mérite chez l'architecte, par le concours des moyens que je viens de décrire, par la sagesse de ses lois, pourra seulement économiser quelques foibles parties de ses dépenses ; mais il n'en emploiera pas moins des millions pour l'érection des édifices qu'il ordonnera ; et il n'obtiendra que des bâtisses plus ou moins éloignées dans leur ordonnance, des principes de l'art et du goût, plus ou moins solides dans leur construction. Le grand, le puissant moyen pour le succès de toute opération d'architecture, sous le rapport même des finances, consiste dans le choix de l'artiste, déterminé non par la faveur, mais fondé sur de bons ouvrages dont il sera l'auteur, seule caution sûre et solide.

Ce ne sont pas là des idées moroses, produits d'un esprit chagrin et frondeur ; elles sont, ces idées, puisées dans la nature du sujet lui-même, dans l'état actuel où se trouve, à cette époque, l'Architecture.

Les premiers pas de l'Architecture vers sa décadence, à laquelle concourent toutes les causes diverses que j'ai décrites et rappelées dans ce Discours ; ces premiers pas datent de l'époque (la fin du dix-huitième siècle), où les moyens indirects ont dominé dans l'art de bâtir, époque où les mécaniques ont été admises dans la construction des plates-bandes, des plafonds et des voûtes.

LES mécaniques, il est vrai, ont été appelées nécessairement par le nouveau genre de composer, que l'on appelle celui des anciens. Cette innovation a fait des progrès d'autant plus grands, que leur application lève de grandes difficultés dans l'exécution.

JE m'explique ainsi, d'après ma propre expérience; en effet, je construisis en 1780 le portique de l'hôpital Cochin; le péristyle du vestibule du Mont-de-Piété, en 1784, avec du fer, pour conforter l'entablement du premier édifice, et la corniche du second; ensuite mes recherches, mes observations m'ont conduit à juger de tous les inconvéniens de l'emploi du fer.

C'EST pourquoi, j'ai abandonné ce moyen mécanique dans la construction des plates-bandes des loges à la Salpétrière, dans celles des bâtimens de la Maternité; d'après les mêmes observations, j'ai rejeté l'emploi du fer, dans la construction de la corniche rampante du fronton du portique de la salle de vente à la succursale du Mont-de-Piété; la solidité de cette partie de l'édifice repose uniquement sur l'espèce de l'appareil que j'ai composé (1).

LE retour vers la barbarie que je redoute, n'est donc point idéal; cette tendance est apperçue de tous les observateurs éclairés, de tout architecte qui a du sens et de la maturité; cette crainte que je manifeste ne m'est nullement personnelle.

MAIS une dernière cause qui se lie à toutes les précédentes pour

(1) J'ai rendu compte de cette construction dans mon *Traité des voûtes*, pag. 66. Paris, juin 1809. Mes plans, à cette époque, étoient composés.

accélérer la décadence de l'art, est le succès qu'a obtenu depuis vingt ans, la dernière médiocrité. A la vérité, ces usurpateurs des fonctions des architectes, ne s'éleveroient ainsi que pour éprouver une chûte d'autant plus grave, s'ils n'avoient point pour sauve-garde l'amour-propre de ceux qui les emploient.

Par suite de ce désordre, les résultats sont les suivans; un écrivain les signale en ces termes : « L'Architecture, dit-il, est de nos jours « à vil prix ; jamais il n'y eut plus de compositeurs ; leur nombre « et leur concurrence nuisent au débit de leur marchandise; les « malheureux la vendent à très-bon marché ; à tous venans à ces « hommes heureux, intrigans qui savent s'en parer aux yeux du « monde ; ce sont les exécutans qui recueillent tous les fruits des « veilles des compositeurs. »

Ces réflexions, sages et vraies, concourent avec les suivantes que je vais citer également, et qui viennent à l'appui de ce que j'avance sur l'état général de l'art et de ceux qui l'exercent.

Les protecteurs généreux, puissans, trompés sur la nullité en talens des gens auxquels ils procurent des opérations importantes, oublient que, s'il est utile d'accueillir le talent, « rien n'est plus funeste pour les arts que d'encourager l'intrigue et la médiocrité; c'est une calamité publique. »

Les protecteurs sur-tout ignorent la sollicitude qu'ils causent aux ordonnateurs ; ils ignorent les nombreuses et successives révisions, les corrections sur corrections qui ont lieu pour des plans adoptés à leur recommandation ; et dont la plupart portent seulement le nom du protégé, incapables de les avoir tracés, quelque foibles qu'ils soient ; et cependant, toutes ces mesures de prudence de la part de l'administrateur ne peuvent opérer le bien. .

MICHEL-ANGE a dit :

« L'ARTISTE qui n'est pas en état de bien faire par lui-même, « ne peut jamais tirer parti des ouvrages d'autrui. »

OR, on peut le dire : cette juste défiance de l'administration, en des sujets inconnus dans l'architecture ; cette défiance a fait naître des mesures générales, et les a étendues sur les artistes mêmes les plus capables. Cet esprit de défiance a fait accueillir de toutes les classes de gens, des observations sur les ouvrages d'artistes d'un vrai mérite ; cela, sans doute, dans la pensée louable d'obtenir une plus grande perfection ; avantage impossible par une pareille voie, ainsi que je l'ai démontré plus haut.

VOILA où nous a conduits cette foule de soi-disans architectes, si active à saisir les affaires de tous les degrés.

ENFIN, il est incontestable que tout édifice public confié à des gens ignorans comme architectes, ainsi que cela se voit, quelque instruits qu'on les suppose d'ailleurs, n'obtiendra jamais les suffrages de la postérité.

« LES chefs-d'œuvre d'architecture qui embellissent, ennoblissent « la face des pays où ils sont érigés », peuvent seuls remplir cette fin que le Gouvernement se propose dans tous les monumens qu'il ordonne.

HEUREUSEMENT, au milieu de cet état que je déplore, il est des opérations d'architecture qui répondront à ce vœu d'embellir et d'ennoblir la France ; tels entre eux :

L'ACHÈVEMENT du Louvre, conçu et réalisé par l'auguste Chef de l'Empire ; le Louvre, ce premier palais de l'univers qui, avec tant de raison, fait l'orgueil de la France, achèvement complet aujourd'hui, après trois siècles écoulés depuis que ses premiers fondemens ont été jetés.

Telle la restauration du célèbre monument de la Porte St.-Denis, cet Arc de Triomphe qui l'emporte en beauté, en perfection sur tous les monumens anciens en ce genre, et permet, à tant de titres, aux Français, de dire : *cedite*, *Romani*.

Tel encore, l'Arc de Triomphe de l'Etoile, qui tient le premier rang entre les nouveaux monumens de ce siècle, par les bonnes proportions de ses masses, par son module, par la nature des matériaux dont il est construit.

Ces divers et grands travaux d'architecture, attestent évidemment la volonté, le desir du Prince pour illustrer son règne par des édifices, qui ne le cèdent point aux chefs-d'œuvre les plus fameux produits par les siècles précédens, en beauté et en solidité.

L'horison de l'architecture semble devoir s'éclaircir : saisissons les premiers rayons qui paroissent ; espérons que l'art recouvrera de nos jours toute sa splendeur. Sans doute que pour répondre aux hautes et nobles conceptions de notre auguste Monarque, l'amour de la science renaîtra chez les architectes ; ils adopteront l'idée juste que sans elle, ils ne peuvent exercer avec succès l'art le plus utile (1). Ils se pénétreront de cette vérité :

(1) Mot juste d'un architecte, M. Trouille, dans une lettre qu'il m'écrivoit récemment sur l'art qu'il exerce avec honneur et succès.

Cet artiste a exposé au salon du Louvre, en 1796, les projets de deux vastes hôpitaux pour les marins, chacun de six mille individus, l'un pour l'intérieur de Brest, l'autre pour l'extérieur.

Ces grandes compositions d'architecture ont fixé l'attention des architectes, des amateurs, et mérité leur approbation.

M. Trouille est aussi l'auteur du plan

« QU'IL faut étudier, s'instruire avant de composer et pour mieux « composer. » Ils puiseront également l'instruction, dans les modèles antiques et modernes; ils joindront aux lumières réfléchies que les livres leur auront offertes, les lumières directes et immédiates que fournit l'expérience personnelle.

C'EST ainsi que les architectes français conserveront le sceptre de leur art qu'ils possèdent encore, et qui chancèle dans leurs mains; autrement, leur réputation chez l'étranger, s'évanouiroit.

C'EST ainsi qu'ils feront respecter leur art chez eux; qu'ils établiront d'une manière sensible la ligne de démarcation qui les sépare des géomètres; c'est ainsi enfin, qu'ils obtiendront cette considération, ces honneurs qu'ils ambitionnent.

JE puis dire, en terminant ce Discours : jamais le fiel de l'envie n'a souillé ma plume; jamais elle n'a exprimé des sentimens injustes pour déprécier les hommes à talens qui ont droit à l'estime publique; j'ai dû, dans un Traité d'Architecture, exprimer tous les regrets que j'éprouve de sa forte tendance vers la barbarie.

SI, dans le cours de ce même Traité d'Architecture, des édifices érigés par des hommes qui ont obtenu une sorte de célébrité, y sont présentés sous un aspect peu favorable, mais tout couverts d'un voile officieux pour les auteurs; plus l'obligation pour moi de dire la vérité sur ces ouvrages acquerroit de force, et plus je devois m'appliquer à avoir deux fois raison.

d'un Lazaret pour deux mille quatre cents malades : il vient de composer un projet de bagne pour quatre mille forçats, dont les dispositions du plan sont dignes de l'auteur. Cet architecte est chargé du port militaire de Brest, et des travaux du 3e. arrondissement maritime.

JE ne pouvois d'ailleurs « décréditer mon propre jugement, dans « ce qu'on appelleroit mes censures, en attaquant ce qui est vraiment « louable : tout ce qui se passe sous nos yeux en architecture, « ôte la ressource d'un jugement injuste. »

JE dirai enfin, dans tous mes ouvrages, je n'ai rien écrit que d'après une conviction entière de la vérité des propositions que je publiois et conformes aux principes. Au reste, dans la thèse sur-tout que j'ai constamment soutenue, et que j'ai rappelée dans ce Discours sur les principes de l'art et contre les systêmes dangereux de l'application des points d'appui indirects, contre l'emploi du fer, j'ai été encouragé, soutenu par l'idée vraie, « qu'une erreur attaquée « se défend, mais qu'à la fin elle succombe. »

AUSSI, comme toute opinion peut être contestée, je me suis interdit d'en avancer aucune dans tout ce que j'ai écrit ; ma règle constante a été :

« QUE dans les discussions importantes la raison est de précepte ; « et je me console à l'avance, de l'accusation injuste de ceux « qui ne peuvent penser que le zèle de défendre la vérité soit pur, « et qu'elle soit assez belle pour l'exciter toute seule (1). »

(1) Bossuet.

SALPÉTRIÈRE.

Maître-autel érigé au centre du dôme, en décembre 1811.

L'ÉGLISE de la Salpétrière, comme on le sait, seroit seule un vaste et grand édifice ; sa longueur sur l'axe du pourtail, du *Nord* au *Midi*, est de deux cent cinquante-deux pieds ; sur celui du *Levant* au *Couchant*, de deux cent dix pieds ; le dôme, qui occupe le centre du plan, cinquante-huit pieds de diamètre (1).

LE principal autel ancien étoit hors de service ; il en falloit un nouveau. L'Administration me chargea d'en faire le dessin, qui vient d'être exécuté.

LA forme du nouvel autel est celle d'un tombeau demi-circulaire dans sa coupe, soutenu à ses extrémités par de larges consoles ; en retour, il conserve la figure de sa coupe. Deux piédestaux accompagnent ses côtés ; un gradin, divisé par le tabernacle, couronne cet autel ; un soubassement et trois marches carrées le chaussent et se composent avec lui.

DIMENSIONS.

	pieds.	po.	lig.
Soubassement, longueur.	23	7	»
Largeur.	11	8	»
Hauteur.	1	5	»
Corps de l'autel, longueur	10	7	»
Hauteur.	3	»	»
Largeur, compris le gradin.	4	7	6
Longueur totale avec les piédestaux.	14	11	»
Tabernacle dont le plan est carré.	2	2	»
Hauteur	3	»	»
Hauteur des gradins.	1	»	»
Largeur.	1	6	»

(1) J'ai donné toutes les dimensions de ce monument, dans le chapitre; *De la solidité des bâtimens*, *etc.*, pag. 46 et 47.

DE LA VOUTE
DU TEMPLE DE LA GLOIRE.

Les principes généraux et particuliers des voûtes, des péristyles, des dômes, qui composent le troisième volume de mon Traité d'Architecture, indiquent les rapports qui doivent constituer la voûte du Temple de la Gloire (1). J'ai prouvé la nécessité, pour exécuter avec succès cette partie principale de l'édifice, ainsi que les plates-bandes et les plafonds des péristyles extérieurs, de démolir, sans exception, toutes les constructions faites de l'église de la Madeleine sur l'emplacement de laquelle s'élève le nouveau monument; ainsi, les fondemens, les murs d'enceinte, les péristyles (2) devoient disparoître, quoiqu'à l'époque où j'écrivois, en 1808, un arrêté formel pris dans la même année, conformément à des conseils recueillis sur cet important sujet, porte textuellement :

« Le portique doit être conservé. »

J'avançai cet avis, d'après une étude approfondie de la nature des premières constructions qui me démontra l'insuffisance des masses de l'ancien plan déja avancé dans son exécution, pour devenir parties intégrantes du Temple de la Gloire, et sur-tout en porter la voûte.

Depuis la publication de cet Ouvrage sur les voûtes, etc., on a démoli les murs latéraux et les péristyles correspondans; le portique seul reste sur

(1) Pages 14 et 15. Paris, juin 1809.

(2) *Traité, etc.*, pag. 57 et 58.

pied ; et cependant, le plan du Temple de la Gloire ne peut être composé avec raison, qu'après la démolition entière que je demande (1). Alors seulement, en franchissant les anciennes limites du premier édifice, ce qui est obligé, ce que tous les calculs les plus transcendans en mathématiques ne peuvent maintenir ; alors, dis-je, l'on pourra tracer un plan dont l'ordonnance et la construction doivent répondre, l'une, à la grandeur de l'objet, l'autre, à la solidité du bâtiment.

LA voûte en pierre de taille de ce monument, doit avoir soixante-treize pieds dix pouces sept lignes de diamètre, en plein cintre, et quatre-vingt-cinq pieds de hauteur sous clef. Quel concours de murs, quelle force dans leurs épaisseurs doivent être appelés à cette fin, dans cette noble et grande fabrique. Quelle dépendance à établir entre les constructions des fondemens et celles des parties supérieures ; quelles larges empattemens ; quelles chaînes multipliées de maçonnerie doivent les unir toutes sans exception, et en former un réseau continu ! quel génie, quel art ne faut-il pas pour trouver, combiner les masses diverses en dimensions de ces murs, et leur faire vaincre et enchaîner la collossale puissance qui les surmontera !

CE n'est point ici un programme d'école à rendre avec le secours de réminiscences des plans de toutes les espèces recueillis dans les collections plus ou moins mal digérées ; il faut ici que l'architecte extraie tout de son propre fonds : éclairé par la science, il faut que le Dieu des arts l'inspire.

IL ne s'agit point dans la force à donner aux murs du Temple de la

(1) A cette époque où je publie ces nouvelles réflexions sur le Temple de la Gloire, le portique n'existe plus, il a été démoli dans le cours de l'année 1811.

Dans la note (1), page 58 de mon *Traité des voûtes, des péristyles, des dômes, etc.*, Paris, juin 1809, je m'explique ainsi :

« J'ai eu occasion de dire à l'architecte chargé de cette opération, que c'étoit en vain qu'il comptoit conserver les péristyles extérieurs entre les autres parties de l'édifice qu'il démolit. »

« Je donne aujourd'hui les raisons qui m'ont dicté cet avis. »

« La conservation de ces péristyles du frontispice, seroit une économie dangereuse, perfide. »

Gloire pour la solidité de la voûte, de ces rapports ordinaires du sixième, même du tiers du diamètre, rédigés par des mathématiciens; les savans, dans cette nature de construction, ont tenté en vain d'assigner des quantités fixes aux murs et aux voussoirs, parce que, d'après la remarque que j'en ai faite dans le discours précédent, les lignes du géomètre ne sont point celles de l'architecte. Adopter l'espèce de rapports que je viens de citer; se livrer aux calculs, nécessairement hypothétiques, qui les donnent; les appliquer à la construction de la voûte du Temple de la Gloire dont il s'agit, seroit la plus forte, la plus redoutable des erreurs, et qui rendroit inexécutable en pierre de taille, cette première et principale partie de l'édifice.

UNE voûte de soixante-treize pieds dix pouces sept lignes de diamètre, de quatre-vingt-cinq pieds de hauteur sous clef, appartient, comme je l'ai avancé dans mon ouvrage des voûtes, à l'espèce de celles antiques et modernes dont les dimensions sont d'un aussi grand module.

LES architectes et français et étrangers, les amis des beaux-arts ont tous les yeux ouverts sur la composition et l'exécution de la voûte du Temple de la Gloire, et sur celle des plates-bandes et des plafonds. Rien n'est hyperbolique dans cette expression. Certainement les artistes s'intéressent à tout ce qui se fait d'important en architecture, à quelques distances qu'ils se trouvent des lieux où s'érigent de grands édifices; et de même que la nouvelle cathédrale de Notre-Dame de Casan qui vient d'être bâtie à St.-Pétersbourg, d'une architecture riche, érigée sur les plans de Woronickino, et que ce grand monument fixe notre attention, autant que peuvent le faire de simples descriptions que nous donnent les feuilles publiques (1), de même, les architectes chez toutes les nations qui cultivent les arts, ne perdent point de vue les grands et nombreux bâtimens qui se construisent en France. Sans doute qu'elles n'existent plus pour nous, par la destruction de l'Académie d'architecture, ces communications si utiles entre elle et celles des puissances étrangères pour les plus grands progrès de l'art et l'intérêt commun des

(1) Le Journal de l'Empire, du 13 novembre 1811, donne une description détaillée de cet édifice.

peuples policés. Si l'Académie Royale existoit encore, nous aurions des plans, des mémoires intéressans sur le somptueux édifice nouveau de Notre-Dame de Casan.

LE Temple de la Gloire, objet de ces réflexions, doit être décrit ici dans ses dimensions principales, afin de fixer davantage les idées du lecteur sur un monument si intéressant sous les rapports de l'art.

L'ORDONNANCE à l'extérieur est composée d'un périptère de colonnes corinthiennes, de six pieds de diamètre et de soixante pieds de hauteur; huit sur le frontispice et sur le chevet; dix-huit sur les côtés, y compris les quatre colonnes des angles, ensemble quarante-huit; plus quatre en double rang, deux à la droite et à la gauche du portail; total, cinquante-deux colonnes à l'extérieur dans le périptère; les espacemens, entre le nud des colonnes sur le frontispice, ont trois mètres soixante-dix-sept cent. (onze pieds sept pouces) ; ceux des péristyles latéraux, trois mètres quatre-vingt-un cent. (onze pieds neuf pouces; la largeur de ceux-ci, prise entre le nud du mur et celui des colonnes, quatre mètres soixante-quinze cent. (quatorze pieds sept pouces six lignes). La porte principale qui seule donne entrée dans l'édifice, sous le portail, a quinze pieds quatre pouces huit lignes d'ouverture; hauteur, trente-deux pieds trois pouces onze lignes; la longueur totale du périptère est de cinquante-une toises un pied six pouces neuf lignes; sa largeur, vingt-une toises quatre pieds six pouces. Le stylobate, qui porte l'édifice entier, a douze pieds quatre pouces six lignes de hauteur au-dessus du sol; l'intérieur du Temple, soixante-treize pieds dix pouces six lignes de large; les murs d'enceinte, en élévation, neuf pieds d'épaisseur, à compter du carreau (1). Aujourd'hui (octobre 1811), le plan du Temple a ses limites tracées; les fondemens marchent avec activité; le soubassement même est érigé a dix pieds au-dessus du sol (2).

(1) D'après une variante de l'intérieur, la largeur du Temple seroit intérieurement, de soixante-dix pieds onze pouces sept lignes, et le mur d'enceinte au niveau du carreau, onze pieds. (*Note communiquée par l'Auteur du monument.*)

(2) Le Journal de l'Empire, 27 octobre 1811, annonce que les constructions du Temple de la Gloire sont élevées de quatre mètres au-dessus du sol.

JE demanderai maintenant : le nouveau plan, sur lequel tant d'avis différens ont été demandés et communiqués depuis 1806, que les premiers dessins ont été produits; ce plan qui s'exécute, réunit-il toutes les conditions capables de recevoir une voûte en pierre de taille du grand et beau module adopté; toutes celles voulues, pour la solidité réelle et non fictive, des plates-bandes et des plafonds? Car, ainsi que je l'ai avancé sur la construction des voûtes, il faut, avant d'ériger les bases qui doivent les porter, que leur épaisseur propre soit fixée en raison de leur diamètre, de l'espèce de leur courbe; ensuite, les murs prennent l'épaisseur déterminée par leur élévation particulière réunie avec le développement de la voûte; épaisseur d'ailleurs plus ou moins forte, selon son espèce ou surbaissée, ou plein cintre, ou ogive, addition proportionnelle dont les rapports nous sont offerts dans les productions de nos grands maîtres en architecture.

VOILA les principes généraux qui seuls cependant seroient insuffisans; car ils ne peuvent que diriger et faciliter les opérations de l'esprit de l'architecte chargé de la construction des voûtes d'un grand diamètre, et dont la hauteur est extraordinaire.

JE demanderai encore, si la voûte du Temple de la Gloire sera, ou toute en pierre, ou mixte dans sa structure, c'est-à-dire, de pierre et de fer, ou seulement en fer, selon les systêmes nouveaux. Si l'un de ces deux derniers genres purement mécaniques que l'expérience condamne, étoit adopté, il feroit accuser d'incapacité l'artiste qui les proposeroit; il prouveroit toute l'influence des constructeurs systématiques (1); dans ce cas, l'édifice perdroit le plus beau de ses appanages. Il résulteroit de pareilles mesures un alliage de magnificence et de pauvreté dans l'ordonnance, et tout à-la-fois dans la construction.

SI ce Temple étoit couronné par une voûte mécanique quelconque, ce second exemple d'une pareille construction de voûte dans la capitale, patrie spéciale des beaux-arts, annonceroit que nous ne devons plus espérer de

(1) Voir *Dissertations sur les coupoles de la Halle au Bled de Paris*, pag. 162. 1809.

P

voir l'architecture se soutenir en France, avec éclat. Un pareil événement seroit une invasion complette des calculateurs sur l'architecture; et bientôt la barbarie auroit brisé chez nous le sceptre des beaux-arts. L'histoire apprend qu'aux tems de la décadence des lettres et des arts sous les Empereurs romains, l'architecture n'étoit plus exercée que par des mécaniciens.

J'ai assez exposé dans le discours précédent, qui fait la conclusion de cet ouvrage, combien étoit à craindre par cette cause seule que je rappelle ici, un sort aussi déplorable pour l'architecture.

Certainement, s'il en est ainsi, Paris n'offrira pas de traces comme la ville de Rome, après une longue suite de siècles, qu'elle ait été grande et embellie par les monumens érigés sous le règne de Napoléon-le-Grand, dans un monument qui devroit illustrer ce nouveau siècle qui, par la disposition de son plan, rappelleroit le genre des temples grecs.

Enfin, si la construction des voûtes en pierre de taille des grands édifices publics, nécessite de fortes dépenses; d'abord, ce ne peut être un motif absolu pour en dénaturer l'ordonnance. Ensuite, une observation importante doit être rappelée à ce sujet.

Je dis que les voûtes mécaniques, soit celles faites et de pierre et de fer, soit celle en fer seulement, ne procurent qu'une foible économie sur les voûtes construites toute en pierre. Les deux premières espèces de voûtes d'ailleurs, restent toujours soumises à des chances de destructions, à des entretiens quelconques, ainsi que je l'ai démontré dans mes dissertations sur les coupoles de la Halle au bled de Paris (1).

Une considération importante à envisager sur le Temple de la Gloire, est que sa durée dépend absolument de la nature de la construction de la grande voûte. Notre climat ne permet pas, comme en Grèce et en Italie,

(1) *Dissertations, etc.*, pag. 160 et 161. Paris, juin 1809.

d'ériger des temples découverts (hypœtre), et que les anciens couvroient, lors des cérémonies, avec de simples tentes. Il faut que nos temples soient couverts par des voûtes, et de la construction la plus solide.

TOUT grand édifice, pour être durable, doit avoir des voûtes à l'abri des incendies et des révolutions. Conséquemment, point de construction en bois ni en fer; mais seulement en pierre de taille (1).

C'EST d'après ces considérations diverses que les grands architectes qui ont érigé des temples en France, depuis le renouvellement des arts, ont admis la pierre seule pour la construction des voûtes.

LES temples, si justement célèbres du Val-de-Grâce et des Invalides, ont leurs voûtes construites en pierre de taille, ce qui leur garantit la plus longue durée.

CERTAINEMENT, si ces mêmes voûtes eussent été faites en fer, les terribles secousses révolutionnaires de 1793, alors que le fer étoit enlevé par-tout où il se trouvoit, ces chefs-d'œuvres de l'art que je cite ici, n'existeroient plus.

LA voûte du Temple de la Gloire doit donc être comme celles de tous nos édifices publics, nos temples et nos palais, en pierre de taille. Sa construction, n'en doutons pas, celle de ses murs seront en tout semblables pour la solidité, aux proportions de celles du même module, des édifices des romains et de ceux des modernes, du même genre, cités dans mes principes des voûtes; modèles d'autant plus admirables, que ces mêmes voûtes sont toutes différentes dans leurs plans, soumises seulement aux mêmes rapports généraux.

C'EST ainsi que la voûte du Temple de la Gloire assignera à l'ordonnance entière un grand caractère, et que la construction en sera forte et durable.

(1) *Dissertations*, etc. pag. 162 et 163.

C'est ainsi que les François auront égalé dans toutes les parties de l'architecture, les Romains et les Italiens qui seuls jusqu'à ce jour, aient construit des voûtes du plus grand module en plan et en élévation, et faites en pierre; c'est ainsi que le Temple de la Gloire apprendra au générations les plus reculées, les merveilles dont nous sommes les témoins dans l'héroisme admirable inspiré à nos armées, par le chef de l'Empire qui ordonne l'érection d'un tel monument fait pour laisser des traces éternelles, comme le sera sa renommée (1).

(1) La Commission spéciale appelée au ministère de l'intérieur, en 1808, pour l'examen des divers projets de coupoles de la Halle au Bled de Paris; cette Commission traita d'une construction pour la voûte qui seroit faite en pierres volcaniques qui, par la légèreté des matériaux de cette nature, par l'unité des parties à établir à l'aide des mortiers, n'en font pas exiger des bases aussi fortes que les supports d'une voûte en pierre de taille. Mais après une mûre délibération, la Commission, à l'unanimité, rejetta ce nouveau genre de construction, qui n'a point d'exemple en France, par deux raisons puissantes.

La première, la grandeur extraordinaire du diamètre de la coupole de la Halle au Bled.

La seconde, la dépendance absolue dans l'emploi de cette sorte de matériaux, de la main-d'œuvre qui en rendrait nécessairement le succès éventuel.

Conséquemment, la grande voûte du Temple de la Gloire ne peut être exécutée en scories volcaniques.

ARC DE TRIOMPHE
DE LA PLACE DE L'ÉTOILE.

M. Chalgrin, architecte de ce monument, a été, dans tous ses ouvrages, constamment fidèle au genre de l'architecture antique, même dans ses compositions de fêtes publiques dont il a été chargé depuis 1770, qu'il construisit la salle de bal au petit Luxembourg, jusqu'en 1804, époque où, à l'occasion de la paix d'Amiens, il érigea un temple sur la Seine, des théâtres sur la place de la Concorde et dans les Champs-Elysées. M. Chalgrin n'a jamais sacrifié à la mode, par aucune alliance monstrueuse des genres antiques, gothiques et égyptiens.

L'Arc de Triomphe de l'Étoile, le dernier des nombreux édifices érigés par lui, ne déroge en rien du caractère mâle d'architecture qu'il avoit adopté.

M. Chalgrin surpris par la mort, en janvier 1811, n'a pu élever cette fabrique qu'à la hauteur de la corniche des piédestaux qui portent les trophées sur les faces principales et à dix-huit pieds au-dessus du sol; mais il a laissé des études et des modèles des différentes coupes et élévations, même des différens profils, grands comme l'exécution, qui appartiennent à l'ordonnance entière du monument; ceux des piédestaux et de l'imposte des arcs latéraux sont exécutés aujourd'hui.

Les dimensions de l'Arc de Triomphe de l'Etoile, sont :

	pieds.	pouc.
Les faces principales, au *levant* et au *couchant*, chaque . .	138	»
Les façades latérales	68	4

	pieds.	pouc.
La hauteur totale	131	»
La largeur des grands arcs	45	»
Leur hauteur	87	6
La largeur des arcs latéraux	26	»
Leur hauteur	56	6

Les quatre bas-reliefs qui décorent les piédroits de l'édifice, deux sur chaque face, au-dessus des trophées, ont vingt-neuf pieds six pouces sur quinze de hauteur.

Les deux bas-reliefs, qui enrichissent les façades latérales au-dessus des arcs, ont cinquante-six pieds quatre pouces sur quinze pieds.

Tous les paremens des murs intérieurs et extérieurs sont construits en marbre des carrières de Château-Landon ; le corps des murs est en pierre dure d'appareil, sans aucun remplissage de moellons (1).

Les changemens que M. Chalgrin a faits dans les proportions de cet édifice, depuis l'exécution du modèle en charpente, que le public a vu en avril 1810, consistent :

1°. Encadrement des deux grands arcs, ainsi que l'étoient dans le modèle les arcs latéraux.

2°. Réduction dans la hauteur de l'attique et additions de moulures dans la base et dans la corniche de cette partie du monument.

3°. Suppression des piédestaux et des trophées qui, dans le modèle, accompagnoient les arcs latéraux.

4°. La corniche des piédestaux qui embrassoit le pourtour des murs de tout l'édifice, est supprimée sur les piédroits des grands arcs.

(1) Dimensions de la porte St.-Denis :
Largeur totale. . . . . 72 pieds,
Hauteur 72
Ouverture de l'arc. 24
Hauteur de l'arc. 48

Ces changemens ont opéré, dans l'ensemble du monument, une perfection réelle; aujourd'hui, les amateurs des arts, et entre les architectes, ceux qui desirent le succès de cette noble composition, font des vœux pour qu'elle n'éprouve aucun changement dans toutes ses parties principales; qu'elle n'éprouve à cet égard aucune altération que lui causeroit nécessairement toute main étrangère incapable de se mesurer avec l'auteur.

L'Arc de Triomphe de l'Etoile, composé dans son plan de quatre piédroits, sans aucuns ressauts, est un édifice de la première classe, et par son objet, et par la grandeur du module. Il ne nous reste de l'antiquité aucun monument de ce genre, qui puisse lui être comparé sous ce dernier rapport, le volume des masses. L'auteur, dans son plan, a établi toute la force nécessaire à l'action considérable des parties supérieures. Ici, la résistance l'emportera sur la puissance; les bonnes dispositions de ce plan garrantissent le succès de l'ordonnance et de la construction.

A l'ouverture des travaux de cette année, mai 1811, les constructions étoient arrivées à vingt-huit pieds de hauteur; déja ce bel arc, sur l'axe du *midi* au *nord*, dont la longueur est de cent-trente-huit pieds, offroit un aspect imposant; déja l'imagination du spectateur saisissoit les grands effets qui résulteront du développement des surfaces du corps entier; ainsi que par le concours des voûtes, les unes de quatre-vingt-sept pieds six pouces de hauteur, qui est celle des grands arcs, sur quarante-cinq pieds de largeur; les autres de vingt-six pieds sur cinquante-six pieds six pouces, qui est la hauteur des arcs latéraux (1).

Aujourd'hui, à la fin d'octobre 1811, l'édifice est arrivé à la hauteur de l'imposte des arcs latéraux, quarante-quatre pieds au-dessus du sol. L'œil exercé y remarque avec plaisir une exécution heureuse et soignée des

(1) Je ne fais qu'indiquer l'impression forte que j'ai éprouvée en circulant au pourtour et dans l'intérieur de ce colosse naissant, impression que j'ai manifestée à M. Goust, architecte, élève de M. Chalgrin, auquel il en avoit confié l'inspection. Cet artiste zélé pour la gloire de son maître, a été choisi par le Gouvernement, pour la direction de cette grande fabrique, et de la conduire à sa fin : choix honorable que ses talens lui ont mérité.

profils des piédestaux et de ceux de l'imposte, exécution que relève encore la beauté de la matière, la pierre de marbre de Château-Landon.

Les constructions faites jusqu'à ce jour, ont consisté dans l'érection des quatre piédroits; maintenant vont commencer celles des voûtes latérales en plein cintre, de trente-un pieds de largeur et de trente-un pieds six pouces de longueur qui les uniront deux à deux. Ici commencent les parties difficiles.

Ces voûtes latérales exigent dans leur construction les mesures les plus attentives; car elles sont parties intégrantes des bases qui doivent porter la grande voûte de quarante-cinq pieds de diamètre et quatre-vingt-sept pieds six pouces de hauteur. Ces voûtes doivent donc faire un même tout avec les piédroits qui en sont les culées.

Ce que j'avance ici, est fondé sur la nature même du plan de l'édifice. L'union forte à établir entre les piédroits respectifs, est d'autant plus commandée dans ses constructions, que le vide effectif des voûtes latérales l'emporte sur leurs masses. Si donc ces voutes étoient légères, construites à l'ordinaire; si elles ne remplissoient que le seul objet de la décoration, dans ce cas, les piédroits qui de chaque côté sont les culées naturelles de la grande voûte de quarante-cinq pieds de diamètre et quatre-vingt-sept pieds six pouces de hauteur; ces culées ne seroient plus que de simples tiges de maçonnerie de soixante-cinq pieds six pouces de hauteur, considérées seulement jusqu'à la naissance de la grande voûte, élégies d'ailleurs par les cages des escaliers de neuf pieds de diamètre que chacune d'elle renferme.

Or, l'on juge aisément qu'une pareille construction, composée de quatre points isolés réduits à leurs seules dimensions propres, et ayant deux à deux une même fonction à remplir, seroient nécessairement trop foibles pour servir de culées.

Envain opposeroit-on à cette observation, quelques exemples de voûtes d'un grand diamètre érigées sur des points solitaires; les voûtes de ce genre, tiennent leur solidité, les unes d'arcs buttans, les autres de culées particulières contre lesquels s'exerce toute la puissance de ces voûtes; elles n'existent que par des moyens indirects. Au contraire, les voûtes de l'Arc de Triomphe, et son plan tracé à cette fin, ne doivent tenir leur stabilité que de moyens directs et par la force des masses.

L'ARCHITECTE, M. Chalgrin, auteur de cet édifice, a tout fait pour répondre dans la composition, dans la construction, à la confiance du Gouvernement, à sa réputation.

CET Arc de Triomple sera, dans son entière exécution, un monument, digne des hautes conceptions du héros magnanime qui l'a ordonné; il fixera par son ordonnance mâle et par sa construction solide, les regards de la postérité la plus reculée; il honorera le siècle qui le produit; et, après trois mille ans écoulés, on dira de l'Arc de Triomphe de l'Etoile, comme des pyramides d'Egypte :

SA masse indestructible a fatigué le tems.

OBSERVATION

Sur une expression nouvelle introduite en architecture.

LES mots suivans : *édifices construits sous la direction, par les soins de l'architecte...*, sont substitués généralement, aujourd'hui, à ceux-ci : *édifices construits sur les dessins et sous la conduite de l'architecte...*

CETTE expression nouvelle est de toute inexactitude, appliquée aux véritables architectes, artistes qui composent seuls et eux-mêmes, les plans de leurs bâtimens et qui les construisent.

LES mots *construits sous la direction, par les soins*, sont parfaitement convenables pour la classe d'architectes désignée dans le Discours (Conclusion de mon ouvrage), pages 92, 93. En effet, ils ne peuvent être que les surveillans des travaux qui leur sont confiés, les plans en ayant été tracés et rédigés par toutes sortes de mains; plans qui, dans l'exécution, fourmillent nécessairement de fautes.

L'EXPRESSION nouvelle que je relève est bien indicative de tout *le désarroi* dans lequel l'architecture est jettée de nos jours, ainsi que je l'ai signalé dans mon Ouvrage.

ORDRE DES PLANCHES.

1. *Plans, élévations et coupes de l'hospice Saint-Jacques, Saint-Philippe-du-Haut-Pas* (hôpital Cochin).
2. *Plans, élévation et coupe de la chapelle de la communion de la paroisse Saint-Jacques, Saint-Philippe-du-Haut-Pas, et des ouvroirs à l'usage des veillards indigens.*
3. *Plans des fondemens du bâtiment de l'hôpital de la Pitié* (aujourd'hui annexe de l'Hôtel-Dieu). — *Coupe sur le ventilateur au centre de la façade du* levant; *profils principaux de cet édifice. — Morceaux de constructions et profils du frontispice de l'hôpital Cochin. — Entablement de la Halle au bled de Corbeil.*
4. *Plan du rez-de-chaussée et coupe sur la longueur du bâtiment de la Pitié.*
5. *Elévation générale de la façade de cet édifice, sur la rue du Jardin des Plantes.*
6. *Plan, élévation et coupe sur l'avant-cour du bâtiment* (emploi des Incurables) *à la Salpétrière. — Plan, élévation et coupe du manège de la pompe de l'emploi des insensées. — Plans, coupes, élévations de la nouvelle buanderie du même hôpital.*
7. *Plan général des fondemens des loges à la Salpétrière, des égoûts qui traversent et des cuvettes établies à la chute des eaux. — Plans et coupes des égoûts ou aqueducs dans les cours des ateliers de cet hôpital, et de ceux hors et le long des murs de son enceinte, au* levant, *qui reçoivent les premiers fragmens de construction faites dans des maisons urbaines des hospices.*

8. *Elévations des bâtimens des cuisines des insensées à la Salpêtrière, d'une masse de loges et de la principale fontaine. — Plan et coupe des cabanons de sûreté de la prison de Bicêtre. — Pavillon neuf de l'hospice de l'allaitement. — Plan, élévation et coupe d'une bergerie — Plan et élévation d'une grotte de la ferme de Villeblin près Melun. — Fragmens de constructions.*

MONT-DE-PIÉTÉ.

9. *Elévation générale sur la rue de Paradis, au Marais, chef-lieu de l'établissement.*
10. *Elévation sur la grande cour du même bâtiment. — Coupe du vestibule sur la longueur.*
11. *Coupe sur le vestibule, le grand escalier, la salle d'administration et le magasin.*
12. *Plans de la salle de vente, du vestibule et du grand escalier. — Plan des plafonds au-dessous des palliers.*
13. *Plan de la tribune de la salle de vente. — Plan du grand escalier au premier étage. — Plan du plafond supérieur, et détails du même escalier.*
14. *Coupe sur l'arrivée au grand escalier et sur les paliers au premier étage. — Coupe sur le côté opposé.*
15. *Coupe sur la largeur du vestibule et sur la longueur du grand escalier. — Coupe sur la cour de la salle de vente.*
16. *Elévation de la salle de vente. — Coupe, élévation latérale de la salle de vente, prise sur la galerie opposée à celle des huissiers priseurs.*
17. *Coupe sur la largeur de la salle de vente. — Coupe sur la diagonale de la salle.*
18. *Profils principaux de différentes parties des bâtimens du Mont-de-Piété.*

19. *Plans, élévations et coupes de la Halle au bled de Corbeil, à sept lieues, au* sud-est *de Paris.*

20. *Plans, élévations et coupes de la ferme de Villenes, dite* de Marolles, *près Poissy, à sept lieues, et à* l'ouest *de Paris.*

21. *Vue perspective du nouveau perron du château de Bellegarde, à vingt-huit lieues et au* sud *de Paris.*

22. *Plan général du temple de Sainte-Geneviève* (Panthéon-François).

23. *Plan et coupe du projet de restauration des piliers du dôme du Panthéon-François.*

24. *Plan général de la Halle au bled de Paris; plan, élévation et coupes des greniers, de la coupole qui seroit construite en pierre et des confortations extérieures contre la poussée de la voute annulaire des greniers.*

25. *Plan d'un monument consacré à l'histoire naturelle, projeté sur les anciens terrains du Jardin du Roi, faubourg Saint-Victor, dédié à Buffon, en* 1779.

26. *Elévation et coupes du monument.*

PLANCHES PARTICULIÈRES.

I. *Grouppe de l'Assomption de la Vierge, élevé dans la cathédrale de Chartres, à dix huit lieues au* sud-ouest *de Paris, composé et exécuté en marbre, par Charles-Antoine Bridan, année* 1773.

II. *Vue perspective du portail de la cathédrale de Chartres.*

III. *Vue perspective du même édifice sur la face latérale.*

IV. *Elévation de la nouvelle église Sainte-Géneviève* (le Panthéon-François).

RÉPONSES

*Aux Notes de M.***, un des Architectes du Gouvernement, sur les Dissertations des projets de coupoles de la Halle au Bled de Paris, et la construction des voûtes, par Ch.-Fr. VIEL, avec cette épigraphe :*

> La grande maxime, ou, pour mieux parler, le grand abus de la science du monde, est de taire les vérités désagréables à ceux à qui il seroit utile et important de les savoir.
>
> BOURDALOUE.

Note de M.***.

Pourquoi, d'après cette maxime adoptée par M. Viel, ne nomme-t-il pas les architectes à qui il seroit utile de dire ces vérités, ni les monumens qu'il veut désigner comme vicieux, à la postérité?

Ces réticences font que plusieurs de ses ouvrages sont des énigmes pour ses contemporains mêmes, et à plus forte raison pour la postérité.

Réponse.

Les vérités que je révèle, ont pour but unique, l'intérêt public, l'honneur des arts. Il seroit désagréable pour les architectes de plusieurs édifices qui se construisent de nos jours, objets de mes observations, plus ou moins vicieux, sous le double rapport de l'ordonnance et de la construction, de voir leurs noms déclinés dans mes ouvrages.

Quant aux édifices sur lesquels je m'explique, et que je ne nomme pas également, je me persuade, d'après les descriptions fidèles que j'en donne, qu'il n'est point d'architecte qui ne reconnoisse ces mêmes édifices, ainsi que l'a fait M.***.

Professant l'art de bâtir, j'ai dû citer les

Notes. | *Réponses.*

fautes capitales que trop de bâtimens modernes nous présentent ; en indiquer les causes générales, les mettre en opposition avec les principes, et de la sorte instruire plus efficacement les architectes novices encore ; les mettre à portée de juger d'autant mieux tout le besoin qu'ils ont de la science de leur art, pour éviter de tomber dans de pareils écarts.

Texte de l'Ouvrage.

L'esprit propre à l'architecte pour déterminer l'ordre des rapports qui doit exister entre les voûtes et les points d'appuis, n'étoit nullement étranger à Soufflot. La preuve s'en trouve, malgré ses défauts, dans le plan du portail du Panthéon ; en effet, à chaque extrémité de ce péristyle, des faisceaux de colonnes forment la résistance contre la poussée de la grande voûte qui embrasse les trois entrecolonnemens du milieu. (Pag. 20, paragraphe 2.)

Note.

Eloge du portique de Sainte-Geneviève ; mais les pignons loués sont, à mon avis, un vice de plus, comme l'auteur le dit plus bas, en trouvant cette addition surabondante.

Réponse.

Les pignons de ce péristyle ne sont point l'objet de ce paragraphe, mais seulement les groupes de colonnes qui reçoivent immédiatement, aux extrémités du portail, la grande voûte qui en couvre la plus grande partie.

Texte de l'Ouvrage.

Il est donc évident que ces principes sont tous émanés de l'architecture ; et comme les sciences exactes ne donnent point l'imagination, le sentiment et le goût de l'harmonie linéaire que doivent réunir toutes les parties d'un édifice, il en résulte que les géomètres, quelques profondes que soient leurs théories, leur science physico-mathématique, n'obtiendront jamais de véritables succès dans la composition d'aucun morceau d'architecture, conséquemment dans la construction des bâtimens, et principalement de ceux couronnés de grandes voûtes. (Pag. 40, paragraphe 3.)

Note.

L'auteur refuse, avec raison, la science des voûtes aux géomètres, mais il ne l'accorde pas davantage à la majorité des architectes.

Voyez p. 40, ligne première : « qui donc « bâtira les voûtes ? »

Cependant M. Viel cite p. 88, ligne dixième, un géomètre célèbre qui pense bien différemment que lui, car M. Viel ne veut, avec raison, que des points d'appuis directs; et cet ingénieur, très-habile d'ailleurs, ne veut que des points d'appuis indirects.

Voyez son Mémoire sur l'application de la mécanique à la construction des voûtes et des dômes. (Dijon et Paris, 1771), et ses contrefiches appliquées au dôme du Panthéon. (Dissertations, etc. Paris an 6.)

Réponse.

J'ai dit qu'il n'étoit pas donné à tous les architectes de posséder le génie et la science des voûtes, dans l'architecture comme dans les autres arts : les grands sujets ne peuvent pas être traités par la multitude de ceux qui les exercent.

J'ai cité M. Gauthey pour un cas particulier, celui des cercles de fer employés en 1745 au dôme de Saint-Pierre de Rome, que blâme le savant mathématicien ; jugement qui est étranger à son système sur les voûtes et sur les dômes, que je n'adopte nullement, et que condamnent les principes de la véritable solidité ; système qui repose tout entier sur les points d'appuis indirects, ainsi que le remarque très-justement M.***.

Texte de l'Ouvrage.

Résumons : la construction des voûtes repose essentiellement, je dois le répéter encore en terminant ce chapitre, sur la bonté du plan du bâtiment dont elles font partie. La force des voûtes résulte des rapports que le génie seul de l'architecture sait inspirer à l'artiste d'établir entre la puissance et la résistance, idée que je dois présenter sous toutes ses faces ; et ces rapports dérivent tous de ceux qui constituent les trois ordres, le dorique, l'ionique et le corinthien, sources premières, comme je l'ai prouvé, et dont les définitions précédentes sur la construction des voûtes, ont suffisamment démontré la dépendance aux mêmes principes. (Page 47, paragraphe 4.)

Note.

Les Goths ont fait des voûtes très-solides sans connoître les rapports des ordres dorique, ionique et corinthien.

Le rapport des ordres avec les voûtes et les épaisseurs des murs me paraît une théorie, un système de l'auteur que je n'ai encore bien pu comprendre, même après l'avoir étudié dans ses ouvrages.

Réponse.

Les architectes des édifices gothiques n'ont obtenu de solidité dans leurs voûtes qu'avec le secours des points d'appuis indirects; ce sont les fers, arcs-boutans qui en hérissent les murs à l'extérieur, moyens seuls par lesquels ils existent tous, et dont j'ai amplement démontré tous les inconvéniens; car je dois le dire ici, la destruction d'un seul de ces arcs, dans tout édifice de ce genre de construction, entraîne l'écroulement et des murs et des voûtes (1).

Il en est bien autrement dans l'architecture grecque, où tout est proportions, rapports, et dont l'ordonnance dirige et influe nécessairement sur la solidité de la construction générale, conséquemment sur celle des voûtes.

Il n'existe que deux routes à suivre pour la construction des voûtes. L'une, hasardée, dangereuse, où conduisent les mathématiques; l'autre, certaine, dans laquelle on ne peut s'égarer en suivant l'ordre des rapports qui constituent les édifices antiques enrichis de voûtes.

Ce n'est donc point un système ni une théorie nouvelle que je professe sur les

(1) La chute entière du chœur de l'église gothique des Bernardins, à Paris, que j'ai cité dans mon Ouvrage, est une démonstration frappante de ce que j'avance.

Notes. *Réponses.*

voûtes, mais bien l'exposé des vérités que m'ont apprises les plus beaux monumens anciens, dont je me suis pénétré de l'esprit de leurs auteurs.

Texte de l'Ouvrage.

Pour rendre sensible aux amis des arts que la composition est tout en architecture, je dirai aux novateurs qui veulent que l'appareil constitue absolument la solidité des constructions, etc. (Pag. 48, paragraphe 1er.)

Note.

Novateurs : il faut distinguer, car l'auteur reconnoît deux genres de novateurs.

1°. *Novateurs en décors, dessin ou invention* ;

2°. *Novateurs en construction.*

Réponse..

Il n'y a point d'équivoque dans l'acception que je fais du mot *novateur.*

L'altération, dans la composition en architecture, a causé celle survenue dans la construction de nos édifices, par la dépendance absolue que j'ai démontrée exister entre l'ordonnance et la construction.

Les écarts dans l'invention, et la fausse application des formes antiques, a livré trop d'architectes, qui se targuent fièrement, *d'être dans le bon genre*, à avoir recours, dans l'exécution de leurs bâtimens, à des moyens factices et secondaires pour la solidité. J'ai fait assez connaître ces architectes qui sont devenus nécessairement *novateurs* en construction, comme ils le sont en ordonnance.

Le mot *novateur* s'applique également aux géomètres constructeurs de bâtimens, et par la bisarrerie, la gothicité de leurs compositions, et par leurs procédés éventuels de construction.

Texte de l'Ouvrage.

Nous voyons paroître au grand jour les plus vastes projets dont l'objet est déterminé et susceptible d'être exécuté par le plus grand des héros..... L'on pourroit dire à tels des auteurs : si vous avez des talens, si vous réunissez toutes les qualités que l'art requiert, isolez-vous de la société, livrez-vous, dans le silence de votre cabinet, aux méditations les plus approfondies et les plus longues, pour composer des plans si importans dans leur fin, autrement vous échouerez. (Page 49, paragraphe premier.)

Note.

Les auteurs des modèles de la réunion du Louvre aux Tuileries, exposés au Muséum, se sont livrés aux méditations avant de mettre leur œuvre au grand jour.

Réponse.

Sans doute que les architectes, en grand nombre, qui ont osé traiter un sujet si difficile, ont employé un certain tems pour tracer leurs dessins.

Mais l'architecte le plus fort de moyens en composition et en construction, exposerait-il en public le travail de quelques mois sur un pareil sujet ?

J'en fais la question à M.***.

Texte de l'Ouvrage.

L'OBSERVATION fidèle des diverses règles que j'expose, exclut tout secours de moyens factices indirects ; avec elles, les piliers, forts par eux-mêmes, sont indépendans des autres parties du plan général de l'édifice ; ils se suffisent à eux seuls ; ils seroient privés tout-à-coup de toutes les distributions environnantes, les piliers resteroient debout, et le dôme n'en éprouveroit aucune secousse. (Page 70, paragraphe 3.)

Note.

Cette proposition est hardie, elle ne reconnoît pas de poussée.

Est-elle vraie ?

Je ne m'y fierai pas.

Réponse.

Il n'y a rien de hardi dans cette proposition ; les conditions que j'établis pour la solidité des dômes reposent sur les principes naturels de la pondération des corps,

Notes. *Réponse.*

et de l'action qu'ils exerçent entre eux. Par les règles que je trace, la poussée est complettement contreventée; l'édifice reste dans une immobilité permanente.

Les temples des Invalides, du Val-de-Grâce, à Paris, de Saint-Paul de Londres, nous offrent l'observation fidèle de ces mêmes règles dans le plan de leurs dômes, qui sont dans un état complet de force. Ainsi, par exemple, on supprimeroit dans chacun de ces édifices, les nefs adhérentes et qui font partie du plan général, sans causer à ces grandes fabriques aucun ébranlement.

Il en est bien différemment, comme je le dis ci-après (page 72), du plan du dôme de Sainte-Géneviève, qui, malgré la restauration nouvelle de ses piliers, reste bien éloigné d'avoir obtenu l'espèce des points d'appui nécessaires pour sa solidité, et que prescrivoient d'établir les principes sur la construction des dômes.

Texte de l'Ouvrage.

Les contreforts que je décris (pour les murs extérieurs de la Halle au Bled de Paris), ne seroient pas unis aux anciens murs par des liaisons d'assises courtes et longues, mais par des redans étudiés et proportionnels dans le plan de chaque assise, de leur pied à leur tête, et par des harpes sur les côtés; et de ces deux combinaisons résultera un même tout dans le corps des piliers entre les parties anciennes et nouvelles qui seront fondues ensemble, pour ainsi dire. Les soins que toute grande construction exige, seroient donnés à l'exécution de ces travaux extraordinaires. (Page 82, paragraphe 3.)

Note.

Cette union est un des points les plus délicats à soigner.

Réponse.

Cette union est d'autant plus praticable, que les murs anciens avec lesquels il faut unir les contreforts, ont six pieds d'épaisseur, et que l'on peut porter dans les parties hautes, les derniers rangs jusqu'à trois pieds d'épaisseur en liaison avec les murs existans de la Halle.

Texte de l'Ouvrage.

La nature de la construction, les épaisseurs des murs de la Halle sont fixées. Il est de principe que ces deux qualités soient constituées par son module (ou grandeur) et la fonction des points d'appui; il est de principe que le volume des parties du plan d'un édifice, soumis avant tout aux proportions que l'harmonie linéaire exige, soit réglé par l'échantillon, la nature et l'espèce des matériaux à mettre en œuvre. (Page 106, paragraphe 1er.)

Note.

Camus de Mézières, architecte de la Halle, connoissoit-il en 1762, la théorie développée par M. Viel, depuis 1802?

Réponse.

Si Camus de Mézières eût été aussi savant que les Ducerceau, les Philibert de Lorme, au seizième siècle, les Desbrosse, les Leveau, les Blondel, les Perrault, les Mansard, au dix-septième siècle, il auroit donné aux murs de la Halle au bled plus de force pour en porter les voûtes, et elles n'exerceroient point sur eux, comme il est arrivé, une action destructive de l'édifice entier.

Texte de l'Ouvrage.

Mais la coupole du Panthéon offerte comme autorité, parce qu'elle existe, est jeune encore; elle ne compte que vingt-cinq ans : *elle est, de toutes celles exécutées, la plus légère.* Mots propres du constructeur de cette coupole, etc. (Page 116, paragraphe 2.)

Note.

Depuis leur origine, les piliers ont des effets qui ont démontré leur foiblesse et amené leur ruine.

Le même espace de tems n'ayant rien produit sur les voûtes, a mis le cachet à leur solidité.

Réponse.

Cette dernière proposition ne seroit applicable au plus, qu'aux seules voûtes du dôme, car celles des têtes des nefs se sont déchirées à leurs sommets : reste à prouver que les premières soient intactes, sans aucune lésardes.

Le tems qui découvre la vérité, prononcera sur la solidité réelle ou fictive de ces mêmes voûtes.

Toujours est-il incontestable, que dans une construction mécanique comme est celle de la coupole de Sainte-Geneviève, qui n'existe que par l'artifice du fer, il est certain dis-je, qu'il en résulte une lutte interne et continuelle entre la puissance et la résistance ; donc, tout y est éventuel pour la durée de l'édifice.

Au reste, tel est le sort des constructions, dont les points d'appui indirects, le mécanisme du fer, sont l'unique force ; genre de bâtir trop généralement adopté de nos jours dans nos bâtimens publics.

Texte de l'Ouvrage.

(1) LA justesse de ces dernières réflexions, que reconnoissent tous les architectes, va bientôt être démontrée dans un édifice public de la capitale.

Note.

J'ai cherché, sans trouver dans les pages suivantes, l'application de cette note.

Réponse.

Le chapitre des dômes, dans cet ouvrage, pages 66, 67, 68 et suivantes,

(1) Note de la page 129.

Notes. | Réponse.

pour ce qui concerne la restauration des piliers du dôme de Sainte-Geneviève; voilà l'objet de cette note.

Texte de l'Ouvrage.

J'AI traité avec un développement complet de ce principe, dans mon ouvrage: *De la solidité des bâtimens, puisée dans les ordres d'architecture.* (Page 139, paragraphe 3.)

Note

Système tout entier de l'auteur et qui n'est pas très-intelligible.

Réponse.

Je ne professe aucun système, comme je l'ai déja dit dans le cours de ces réponses aux observations de M.*** ; ils jettent dans les plus grands écarts.

L'étude attentive des principes de la construction, développés dans mon chapitre *de la solidité des bâtimens*, apprend combien il est vrai de dire que l'*harmonie générale constitue un bel édifice, et en garantit la solidité.* Cette étude démontre l'utilité de la méthode que j'enseigne, et qui a régle toutes les proportions des édifices que j'ai construits.

Or, l'harmonie linéaire que j'invoque comme premier principe de la solidité des bâtimens, est nécessairement puisée dans les trois ordres d'architecture, dorique, ionique et corinthien. Un bâtiment quelconque appartient à l'un de ces ordres, en présence ou en absence des colonnes; ils deviennent donc l'échelle naturelle pour régler toute ordonnance et toute construction.

Professer ces vérités, n'est nullement

Notes. *Réponses.*

soutenir un système sur le point fondamental de la doctrine en architecture : je ne fais que classer et préciser les lois de l'art de bâtir ; et comme l'a remarqué un auteur dans l'analyse de l'ouvrage, objet des notes et des réponses que je publie, je ne fais, dis-je, que *rappeler les principes* (1).

Si les vérités, en architecture, que je présente sous un nouveau jour, étaient aperçues par certains architectes qui bâtissent actuellement, on ne verroit pas dans les édifices des uns un alliage bisarre et sans jugement, d'une ordonnance dorique avec celle ionique et corinthienne ; dans les édifices des autres, un mélange d'architecture antique et gothique, et dans tous, par une conséquence absolue, inévitable, leurs constructions plus ou moins compromises pour la solidité.

Texte de l'Ouvrage.

LE temple de Jupiter, dont le plan est un décagone régulier, a soixante-dix pieds de diamètre intérieurement. (Page 144, paragraphe 2.)

Note.

Le temple décagone, qu'a voulu citer M. Viel, est, livre 4, chapitre 11, de Palladio, désigné sous le nom de Temple de Galluce.

Ses ruines existantes près la porte majeure à Rome, sont connues sous le nom de Minerva medica.

Réponse.

La description que je fais de l'espèce du temple sur lequel reposent mes réflexions, relatives aux voûtes sphériques, est exacte. A la vérité, c'est *le temple de Galluce*, selon Palladio, dont il s'agit, livre 4, chapitre 11, ainsi que le remarque M.***.

(1) Annales de l'Architecture, année 1809, 2e. volume, 4e. cahier, pag. 268.

Notes. | Réponses.

Barbault, dans son Recueil des plus beaux monumens de Rome, désigne le même édifice sous le nom de Temple *Minerva medica*, adopté de nos jours. (Page 18, planche 13.)

Texte de l'Ouvrage.

La commission va prononcer dans ce moment un avis qui sera un acte solennel, authentique de la pureté de sa doctrine en construction. La juste célébrité dont jouissent encore les architectes français chez toutes les nations éclairées, dépend de la rigoureuse observation de cette même doctrine, sur-tout dans une circonstance majeure comme est celle-ci. Nous nous devons à nous-mêmes, à la société, d'opposer une digue puissante contre les débordemens des innovations et du mauvais goût qui dominent l'architecture et la détruisent si activement. (Pages 150 et 151, paragraphe 4.)

Note.

Débordement, innovation, mauvais goût en composition, ignorance en construction, état dangereux qui détruit l'architecture en France.

Comment, d'après cette opinion de M. Viel, dit-il, page 150,

« *Que les architectes français jouissent d'une juste célébrité chez toutes les nations éclairées* ».

Il y a un peu d'exagération en bien ou en mal.

Réponse.

Je m'interdis toute exagération dans mes écrits, et l'on ne peut m'en accuser sans injustice; je dis la vérité et la tempère de mon mieux, ainsi que le prouve le reproche lui-même que me fait M.***, placé à la tête des questions auxquelles je réponds ici.

Les faits se renouvellent de jour en jour, et les plus importans, qui ratifient mon jugement sur l'état de l'architecture, et pour l'ordonnance et pour la construction.

C'est encore une vérité, et non pas une exagération, de dire qu'à l'époque où nous vivons, la France possède les plus habiles architectes de l'Europe; vérité que je me plais à publier.

RAPPORT

Fait à la Société libre des sciences, lettres et arts de Paris, à sa séance du 1er. mai 1806, par M. DAVY-CHAVIGNÉ, *sur un ouvrage intitulé : De la solidité des bâtimens, puisée dans la proportion des ordres d'architecture, etc. ; par Ch.-Fr.* VIEL.

MESSIEURS,

VOUS m'avez chargé de vous rendre compte d'un nouvel ouvrage de M. Viel, notre collègue, intitulé : *De la solidité des bâtimens, puisée dans les proportions des ordres d'architecture, et de l'impossibilité de la restauration du dôme du Panthéon-François, sur le plan exécuté par Soufflot.*

JE me suis hâté de m'acquitter de cette commission pour satisfaire l'empressement que vous devez avoir de le connoître, d'après la réputation des ouvrages de cet artiste, déja publiés, destinés comme celui-ci à faire partie de son Traité complet d'architecture, sous le titre de *Principes de l'ordonnance et de la construction des bâtimens.* Le succès des différentes parties de cet ouvrage, publiées successivement par chapitres séparés, a justifié les applaudissemens qu'elles avoient reçus dans les séances publiques de la Société libre des sciences, lettres et arts, lorsqu'elles ont fait partie de ses lectures.

CE nouveau chapitre fait suite à celui publié par l'auteur, sous le titre : *De l'impuissance des mathématiques pour assurer la solidité des bâtimens.* Notre collègue, en rendant hommage aux travaux des La Hire, des Parent, des Fraizier, qui, les premiers, au commencement du dernier siècle, ont trouvé des formules à l'aide de l'algèbre, applicables à la construction des édifices, s'étoit appliqué à prouver que ces formules ingénieuses étoient plutôt des théories piquantes, que des moyens absolus pour obtenir une solidité complette dans les bâtimens, que les règles qui constituent cette qualité, loin d'être de *simples règles de mathématiques appliquées aux données physiques* pour déterminer les quantités cubiques qui doivent se faire équilibre, ne peuvent être que le résultat d'études approfondies des dispositions générales, des plans, coupes et élévations des diverses productions d'architecture les plus estimées, de l'accord des masses qui les composent, et des relations qui y sont établies entre les pleins et les vides; enfin, que l'architecte, pour être vraiment digne de ce nom, devoit s'appliquer à acquérir, non-seulement la théorie et la pratique de l'ordonnance des bâtimens, mais encore la théorie et la pratique de leur construction ; connoissances sans lesquelles, avec les talens d'un mathématicien transcendant, il pourroit ne faire que des compositions vicieuses et hasardées, qui seroient de nouvelles preuves du danger et de l'abus de la science du trait dans la construction des bâtimens.

C'EST contre l'abus de cette science, que se permettent trop souvent des ordonnateurs de bâtimens, plus savans mathématiciens qu'habiles architectes, que M. Viel s'est élevé dans cet ouvrage ; et c'est pour répondre à l'inculpation qui lui a été faite de vouloir détourner les jeunes gens qui se destinent à la carrière de l'architecture, de l'étude des sciences exactes, qu'il a précisé dans celui-ci la mesure des connoissances mathématiques que doit posséder un architecte : connoissances beaucoup plus étendues que celles exigées par Vitruve, et que renferment les traités et les cours de cette science, particulièrement faits pour les élèves qui se livrent à l'étude de l'architecture, par les professeurs de mathématiques attachés par le Gouvernement à l'enseignement de cet art.

CES connoissances comprennent non-seulement toutes les découvertes sur les surfaces et sur les solides faites depuis Pythagore et Archimède jusqu'à nos jours, mais les règles de l'application de l'algèbre à la géométrie, la formation des puissances, l'extraction des racines, les surfaces, les solides, et la trigonométrie ; application que les architectes anciens, nos maîtres en construction, ne connoissoient pas, et qui procure à nos architectes les procédés les plus commodes dans l'exécution de leurs dessins.

C'EST dans l'étude des monumens anciens les plus estimés, que M. Viel a cru reconnoître la méthode que les architectes suivoient pour établir la solidité des édifices de tous les genres, de toutes les espèces, et de tous les modules. Cette méthode lui a paru être le résultat des proportions des différens ordres dans les rapports du diamètre de la colonne à sa hauteur, et dans celui de son diamètre aux espacemens dont les colonnes sont susceptibles, et qui se distinguent par les dénominations de picnostyle, sistyle, eustyle, diastyle et aréostyle : c'est au jugement de l'architecte à reconnoître ceux de ces rapports qui sont applicables au caractère de l'édifice qu'il doit élever pour en assurer la solidité.

CE n'est point une nouvelle doctrine de l'art de bâtir que M. Viel prétend annoncer, mais celle que les ouvrages des Grecs et des Romains lui ont enseignée, et qui a constamment dirigé toutes les constructions qu'il a été chargé d'élever.

CETTE méthode ne donne pas de ces formules dont il suffit de parcourir les tables pour, sans études et sans efforts à l'avenir, oser ériger les monumens les plus considérables. Malgré les secours réels qu'elle procure à l'architecte, elle exige de lui d'étudier constamment l'ordonnance et la construction, la nature et l'espèce des rapports dont les lignes sont susceptibles à l'infini dans les compositions d'architecture, et en forment proprement l'eurythmie, d'où résulte l'harmonie de toutes les parties qui les composent.

M. VIEL observe avec raison que si les colonnes, dans les monumens de la plus haute antiquité, avoient un diamètre énorme en grosseur, en raison de leur hauteur, elles ont acquis depuis des rapports plus justes, et que les proportions des ordres étant fixées, ils ont soumis à leurs lois toutes les parties de la construction des bâtimens.

LES proportions des ordres doriques, ioniques et corinthien varient non-seulement entre leur diamètre respectif, mais elles varient encore, plus ou moins dans chacun d'eux, sur-tout dans le dorique, et cette diversité est la source inépuisable qui fournit à toutes les combinaisons pour la construction, comme elle fait pour l'ordonnance des édifices.

L'ORDRE dorique, principe générateur de l'eurythmie, a été le premier régulateur de la force des constructions. L'ionique et le corinthien, produit de la perfection à laquelle l'architecture est successivement parvenue chez les anciens, vinrent ensuite diversifier les rapports selon le genre, la nature et l'espèce des bâtimens.

M. VIEL fait l'application de ces rapports à des constructions diverses, et dans leur objet et dans leur module, et indique le choix que l'on doit faire de l'échelle de l'un et de l'autre des trois ordres.

AINSI, premier exemple, dans un mur de clôture, par suite de la théorie des rapports des ordres entre leur diamètre et leur hauteur, celui d'un à neuf, qui appartient à l'ordre ionique servira d'échelle, et un mur de vingt pieds de hauteur sur douze à quinze toises de longueur, aura vingt-sept pouces d'épaisseur. Si un pareil mur avoit une longueur de quinze, vingt toises, et au-delà, dans ce cas le rapport d'un à huit, qui est l'un de ceux de l'ordre dorique, réglera son épaisseur, et alors il aura trente pouces.

Si ce mur ne doit clorre qu'une propriété particulière, l'emploi du moellon, de la pierre calcaire, de meulière ou de granit suffira ; mais s'il s'agit de fermer un établissement public, alors des chaînes en pierres d'appareil, distantes entre elles dans une proportion déterminée, renforceront ce mur pour lui procurer une plus longue durée. Au défaut de pierres de taille, on aura recours à des éperons faits en moellons, espacés comme le seroient les chaînes, ayant en saillie l'épaisseur du mur, et une largeur proportionnée.

Le second exemple concerne la construction des maisons ordinaires, composées, dans leurs plans, de murs différens qui se correspondent à des distances plus ou moins rapprochées, liés entre eux par des murs transversaux, et, de plus, entretenus dans leur élévation par des planchers dont les armatures sont les nœuds communs. On conçoit aisément que les murs de ces bâtimens acquièrent de cette combinaison une force secondaire à celle qui leur est spéciale, qu'on ne peut estimer moins d'un tiers, et que leur épaisseur doit être soumise alors à une autre échelle que celle d'un mur isolé qui doit subsister par ses propres forces, et qu'il y a lieu conséquemment à une réduction dans la même proportion. Ainsi, en admettant dans leur construction le rapport même d'un à dix, qui est celle de l'ordre corinthien, un mur de trente pieds de hauteur, au lieu de trois pieds d'épaisseur, doit en avoir deux ; et l'expérience prouve qu'une plus grande réduction expose à des chances contre la solidité du bâtiment. Un mur de quarante pieds de hauteur doit, suivant la même règle, avoir deux pieds huit pouces d'épaisseur pour assurer sa solidité.

L'épaisseur des piédroits d'un bâtiment étant donnée par la hauteur des façades, leur espacement sera déterminé par le rapport entre celui des colonnes de l'ordre qu'on aura adopté pour échelle et leur diamètre. Le diastyle et l'aréostyle, qui procurent les plus grands espacemens, sont ceux qui conviennent le mieux dans ces sortes de constructions. Les piedroits seront donc espacés dans le rapport d'un à trois, ou d'un à quatre, et ceux des angles du bâtiment, qu'il faut toujours considérer comme isolé, auront une largeur double, parce qu'ils sont les culées sur lesquelles agit davantage le poids du bâtiment.

LE troisième exemple choisi par M. Viel, est un édifice couvert d'un comble de charpente, n'ayant aucune distribution intérieure, et par conséquent aucun mur de refend, aucun plancher qui en lie ensemble toutes les parties, qui sont livrées à elles-mêmes. Il établit d'abord pour principe général, que dans un édifice de cette nature, la plus grande distance entre les façades ne doit jamais excéder leur hauteur.

CE n'est plus dans la proportion de l'ordre corinthien, mais dans celle de l'ordre ionique que l'échelle de cet édifice doit être prise, c'est-à-dire dans le rapport d'un à neuf. C'est pourquoi, en admettant que les murs de cet édifice aient quarante pieds de hauteur et trente pieds seulement de largeur dans œuvre, leur épaisseur, qui devroit être de quatre pieds cinq pouces s'ils étoient distans de quarante pieds, sera réduite d'un quart, à raison de la largeur de trente pieds seulement qui les sépare.

DANS le quatrième exemple, M. Viel suppose un édifice dont le plan, sans aucune distribution intérieure, auroit dans œuvre deux cents pieds de long, quarante-cinq pieds de large, et les façades soixante pieds d'élévation, couvert seulement d'un comble en charpente. L'échelle, pour un aussi grand module, sera le rapport d'un à huit, qui est celle de l'ordre dorique, et donne l'épaisseur de sept pieds six pouces; mais l'espacement fixé entre les murs n'est que de quarante-cinq pieds, au lieu de soixante, *maximum* de l'espacement dont ils sont susceptibles, ce qui forme un quart à déduire sur l'épaisseur à leur donner, qui peut être fixée à cinq pieds sept pouces six lignes, avec la certitude de leur solidité.

LES autres échelles plus fortes du dorique, qui descendent jusqu'au rapport d'un à cinq, ne conviennent que pour fixer les épaisseurs des murs qui portent des voûtes en pierre; et l'art de la construction gagneroit beaucoup que M. Viel traitât cette partie importante d'après ses principes qui sont ceux des anciens, ce qui completteroit son ouvrage des *Principes de l'ordonnance pour la construction des bâtimens*, qui deviendra classique pour l'étude et l'enseignement de l'architecture.

CES détails doivent faire connoître suffisamment la méthode de M. Viel pour assurer la solidité des bâtimens, puisée dans les proportions des ordres d'architecture. C'est celle des architectes anciens, que nous surpassons infiniment en connoissances mathématiques, sans pouvoir nous comparer avec eux dans celles de la construction. C'est dans l'ouvrage même qu'il faut en voir les développemens. Il mérite d'être médité par tous ceux qui se destinent à la carrière de l'architecture, et sur-tout par les élèves de ce bel art, qui aspirent à se faire une réputation qui puisse passer à la postérité. Trop d'architectes aujourd'hui négligent le fond de leurs ouvrages pour ne soigner que les détails ; cependant, pour construire un bâtiment, il faut avoir du talent et savoir son métier ; pour le décorer, il ne faut que de l'esprit. C'est en méditant les moyens employés par les anciens dans la construction de leurs monumens, et ceux employés par les architectes du siècle de Louis XIV, qu'ils s'instruiront des vrais principes pour assurer la solidité des bâtimens.

C'EST à tort qu'on a accusé M. Viel de vouloir détourner les élèves d'architecture de l'étude des sciences exactes. Il a voulu seulement les mettre en garde contre l'abus qu'ils seroient tentés d'en faire en prétendant réunir dans leurs constructions la hardiesse avec la solidité. Il s'est attaché à prouver que l'architecture se suffit à elle-même, et qu'elle renferme dans ses productions les plus estimées tous les principes qui tiennent à l'art de bâtir.

LOIN donc que les mathématiques, qui ont tout soumis à des calculs fixes et certains, aient operé de nos jours de grandes améliorations dans la construction des bâtimens, c'est à ces calculs que l'on doit le système hardi, mais dangereux, adopté depuis cinquante ans pour bâtir les ponts par les ingénieurs des ponts et chaussées, système qui rend ces sortes de monumens infiniment moins solides que ceux construits par les architectes avant cette époque, ce qui est prouvé par la chûte de plusieurs arches, et par les accidens plus ou moins graves qui ont eu lieu au décintrement des ponts d'Orléans, de Mantes, de Nogent-sur-Seine, par l'écroulement de neuf arches sur vingt-deux du pont de l'Ardèche en 1790, et par celui des ponts de Courseau en Languedoc, du premier pont de Saumur et de celui de Moulins, qui se sont écroulés avant d'être ragréés, comme il est attesté dans le tome premier de l'*Architecture de M. Ledoux*, page 45. Enfin ce sont ces mêmes calculs mathématiques qui ont égaré Soufflot, et lui ont fait négliger de donner aux piliers du dôme de l'église de Sainte-Geneviève, la proportion qu'il leur auroit donnée, si, moins confiant dans ces calculs, il ne se fût pas autant éloigné qu'il a fait des proportions employées jusqu'alors par les architectes pour les piliers des dômes, les grands modèles que l'architecture lui offroit en ce genre devant naturellement lui servir de règle. C'est pourquoi M. Viel ne craint pas d'affirmer qu'il est impossible d'assurer d'une manière solide la restauration des piliers du dôme de cette église sur le plan adopté par Soufflot.

L'ÉRECTION de cette église est due, comme on sait, au desir que M. de Marigni a eu d'illustrer son administration dans l'intendance des bâtimens, par un monument qui surpasseroit en beauté toutes les églises de France, et pourroit rivaliser avec celles de St.-Pierre de Rome et de St.-Paul de Londres, et même l'emporter snr ces deux monumens par la beauté et la régularité de l'architecture qui, à cette époque, faisoit de nouveaux pas vers la perfection.

DÉJA plusieurs artistes avoient fait différens projets d'église pour remplacer celle de Sainte-Geneviève, reconnue trop petite pour contenir l'affluence du peuple que sa dévotion à la patrone de Paris y attiroit dans les tems de calamités publiques. Ces projets étoient exposés depuis longtems dans la bibliothèque de Ste.-Geneviève ; mais tous étoient des copies plus ou moins dégénérées de St.-Pierre de Rome, qui servoit alors de modèle exclusif à toutes nos églises.

M. DE MARIGNI, qui, pour se préparer à remplir dignement l'administration qui lui étoit confiée, avoit été étudier en Italie les plus célèbres monumens d'architecture, de peinture et de sculpture, accompagné d'artistes en tout genre qui avoient déja voyagé dans ce pays, et étoient chargés de lui en faire remarquer les principales beautés, chargea Soufflot, qui étoit de ce voyage, et avoit raisonné souvent avec lui sur le goût et sur les principes de l'architecture, de lui composer un nouveau projet qui répondît mieux au but qu'il se proposoit.

LE succès répondit à son attente. Le plan que lui présenta Soufflot n'avoit rien de commun avec celui que la routine avoit fait adopter depuis plusieurs siècles.

LA forme générale du plan de cet édifice est une croix grecque, composée de quatre nefs, qui forment les quatre branches de la croix et se réunissent à un dôme placé au centre. Ces nefs sont entourées chacune d'un péristyle de colonnes à l'imitation des temples anciens.

SOUFFLOT s'étoit proposé de réunir dans son église le bel effet des péristyles intérieurs de ces temples, à l'élégance majestueuse des dômes qui couronnent nos plus célèbres basiliques modernes ; mais ce problême étoit difficile à résoudre, sur-tout d'après le plan qu'il avoit adopté. Il falloit éviter une trop grande disparité entre la légèreté des colonnes et la masse des piliers destinés à supporter le dôme, et cependant donner à ces piliers toute l'épaisseur convenable pour en supporter le poids. Soufflot crut avoir résolu ce problême en formant son entrecolonnement beaucoup plus grand qu'on le fait ordinairement. Par-là il donnoit une certaine étendue aux piliers de son dôme, qui sont de forme triangulaire, et terminés à chaque angle par une colonne d'un égal espacement. Mais son dôme ne pouvoit être que d'un petit diamètre, étant renfermé entre les péristyles intérieurs qui forment la principale beauté de son plan ;

en sorte que sa masse extérieure ne répondoit pas à la grandeur du portail de cette église, et contrastoit singulièrement avec lui par sa petitesse.

IL consistoit, à l'extérieur, en un tambour circulaire décoré de colonnes corinthiennes engagées dans sa construction, et n'ayant pas la moitié de la hauteur des colonnes du portail. Une voûte hémisphérique le terminoit. L'intérieur du dôme étoit composé d'une simple voûte inscrite au tambour établi sur un stilobate intermédiaire à l'entablement qui couronne les pendantifs, et décoré de huit lunettes hémi-circulaires.

LORSQUE les plans, coupe et élévation géométrales de cette église furent gravés en 1757, la belle ordonnance du plan réunit tous les suffrages des amateurs des arts; mais il s'éleva des doutes parmi les architectes sur la solidité des piliers du dôme. En comparant la surface de ces piliers avec ceux des autres dômes construits jusqu'alors, on fut étonné de leur peu d'étendue relative.

CE ne fut qu'en 1769, lorsque l'église fut élevée au niveau du sol, que M. Patte, architecte du duc régnant de Deux-Ponts, s'éleva fortement contre cette nouveauté, dans un ouvrage qu'il publia pour prouver que ces piliers n'étoient pas suffisans pour porter le dôme. Il crut le prouver en donnant en parallèle les dessins de St.-Pierre de Rome, de St.-Paul de Londres, des Invalides, du Val-de-Grace et de la Sorbonne, avec celui de Ste.-Geneviève, et en s'appuyant de l'autorité de Fontana, qui, dans un ouvrage publié sur la construction de St.-Pierre de Rome, a prétendu que la proportion des murs des dômes devoit être fixée à la dixième partie de leur diamètre intérieur pour obtenir une solidité parfaite. M. Patte s'attacha à prouver que les murs de Ste.-Geneviève ne pouvoient pas avoir plus de trois pieds neuf pouces proportionnellement aux supports, et que cette épaisseur étoit bien loin d'être suffisante pour soutenir la poussée de deux voûtes de soixante-huit pieds de diamètre, n'étant que la vingt-unième partie de leur diamètre extérieur. Le mur de la tour du dôme de St.-Pierre de Rome, mesuré entre les contre-forts, a la quatorzième partie de son diamètre intérieur. Au dôme des Invalides, cette épaisseur est la douzième partie.

M. GAUTHEY, inspecteur-général des ponts et chaussées, célèbre mathématicien, combattit l'ouvrage de M. Patte, en affirmant que tous les exemples qu'il avoit cités, ne pouvoient former aucune autorité, parce que lorsque l'on avoit exécuté tous ces édifices, on n'avoit encore aucune règle démontrée pour calculer la poussée des voûtes ; que cette matière n'avoit été traitée qu'au commencement du dix-huitième siècle, par La Hire ; qu'il n'étoit nullement prouvé que les épaisseurs employées jusqu'à présent eussent été nécessaires ; et quand même il seroit indispensable de donner au mur de la tour du dôme de Ste.-Geneviève, une épaisseur triple., on pourroit reporter cette charge sur les murs de l'édifice par des arc-boutans dont la poussée se feroit suivant la direction de leur longueur, ce qui donneroit des contre-forts immenses, qu'aucune force résultante des constructions ne pourroit renverser. Il fit plus, il prétendit que les piliers du dôme de Ste.-Geneviève deviendroient alors entièrement inutiles, et qu'on pourroit les supprimer en laissant subsister seulement les colonnes engagées à chacune de leurs extrémités ; et pour le prouver, il fit sur le plan de l'église de Ste.-Geneviève, en supprimant les piliers, un projet de dôme, de quatre-vingts pieds de diamètre intérieur, qui comprenoit à l'extérieur toute la largeur des nefs de l'église Ste.-Geneviève, portant entièrement sur les murs et sur de gros massifs de maçonnerie construits dans les angles extérieurs, par le moyen de grandes arches en plein cintre, qui prenoient leur naissance au-dessus des colonnes, et qui avoient pour culées les murs mêmes de l'édifice.

LA tour du dôme projeté par M. Gauthey, forme une masse cubique quatre fois plus considérable que celle du dôme de Soufflot. Son ordonnance consiste en un stylobate portant un ordre corinthien dont les colonnes lui sont adhérentes, et en un péristyle interrompu par quatre avant-corps sur les diagonales, décorés aussi de colonnes. Au-dessus de cette ordonnance règne un attique portant un voûte sphéroïde couronnée par un lanternon de seize colonnes corinthiennes.

A L'INTÉRIEUR, la tour est également enrichie de colonnes engagées, et d'un péristyle en avant sans aucun ressaut. Au-dessus de ce péristyle, est établi un vaste amphithéâtre ; ensuite un stylobate supérieur reçoit une voûte inscrite à la première ouverte à son sommet. Toutes les forces de ce vaste édifice sont indirectes : système hardi mais dangereux de construction, qui n'a pris naissance que lorsque l'architecture a commencé à dégénérer : il fait la principale force des monumens d'architecture gothique, et auroit dû être abandonné dans la construction des édifices publics, après le retour vers l'architectnre des anciens, à l'exemple des Michel-Ange, et des Vignole, qui ont dédaigné de l'employer dans la construction de St.-Pierre de Rome.

M. RONDELET, qui s'étoit attaché particulièrement à la construction des bâtimens, fit paroître à la même époque, en 1770, une réponse à M. Patte, dans laquelle il prétendit prouver que les voûtes sphériques n'avoient point de poussée ; assertion que M. Gauthey a combattue depuis dans sa *Dissertation sur les dégradations des piliers du dôme du Panthéon-François*, publiée en l'an 6, pag. 113 et suivantes. On peut consulter la démonstration de M. Rondelet, pag. 59 et suivantes, et la planche 8 de son *Mémoire historique sur le dôme du Panthéon-Français*, publié en l'an 5 (1797).

M. RONDELET avoit joint à son mémoire, en 1770, des dessins pour faire voir qu'il étoit possible d'ériger sans porter à faux au-dessus des piliers déja construits, un dôme circulaire à l'interieur qui ne porteroit que sur le massif des piliers dont la moindre largeur est de trois pieds neuf pouces ; et pour ne point excéder cette largeur, il faisoit porter la décoration extérieure par quatre arcs. Les moyens de construction développés dans ce mémoire satisfirent tellement Soufflot, qu'ils chargea dès-lors ce savant constructeur de la partie mécanique de la construction de son église, et de faire l'application de ses calculs à un nouveau projet de dôme à pans coupés, qu'il imagina; ensuite à un projet de dôme circulaire avec des avant-corps ; et enfin à celui existant qui fut le quatrième, et la dernière pensée à laquelle il s'arrêta.

SOUFFLOT conclut avec d'autant plus de confiance de la solidité de ses piliers pour être le soutien de sa nouvelle coupole, qu'il les conservoit dans leur intégrité; et quoique son dôme fût beaucoup plus considérable que celui qu'il avoit dessiné dans l'origine, il étoit inférieur de beaucoup au projet colossal de M. Gauthey. Il n'est décoré intérieurement que de seize colonnes, à l'extérieur de trente-deux : celui de M. Gauthey est décoré intérieurement de trente-deux colonnes, et à l'extérieur de quatre-vingts, à-peu-près de la même proportion, sans comper les seize colonnes qui décorent le lanternon qui le couronne.

M. GAUTHEY ne déguisa pas à Soufflot que la véritable objection qu'on pouvoit faire en comparant les piliers du dôme de son église avec ceux des autres dômes, c'est qu'on pouvoit penser qu'ils pourroient être écrasés par la charge du dôme ; mais il prétendit que ce n'étoit pas en comparant les dômes par la surface de leurs piliers, relativement à leur diamètre, que l'on peut juger de ceux dont les supports sont plus ou moins chargés, et que la seule manière de faire cette comparaison est de chercher par chacun d'eux le poids que porte chaque pieds carré ; et ses calculs l'ont amené à découvrir que les piliers de St.-Pierre de Rome portoient un poids de 21910 liv. par chaque pied carré ; ceux de St.-Paul de Londres, 36059 ; et ceux de Ste.-Genevière 48687 livres.

CE ne fut qu'après avoir fait vérifier, avec différentes machines, sous quel poids les pierres qui composoient les piliers de son église pouvoient s'écraser, et avoir cru s'assurer qu'ils étoient plus que suffisans pour résister au poids de son dôme; après avoir soumis ses nouveaux dessins aux calculs des plus habiles mathématiciens, et avoir obtenu leur apologie consignée dans les Mémoires de l'Académie des sciences, de 1774, que Soufflot livra ses plans à l'exécution.

POUR justifier davantage encore la solidité de ses piliers, il fit lever en Italie et en France, les plans, les coupes et les profils d'un grand nombre de coupoles, entre celles dont les bases offrent le moins de masse en proportion du volume de chacune d'elles; et sans avoir égard aux différences de son plan, il crut en rendant publiques toutes les recherches qu'il avoit faites pour s'assurer de leur solidité, avoir répondu victorieusement à la critique de son adversaire.

IL faut l'avouer, ce nouveau dôme parut généralement à tous les amateurs des arts, beaucoup mieux en proportion que le premier avec le portail du temple. Son élévation s'annonce à l'égard de son ordonnance avec un appareil imposant par la grandeur de sa masse enrichie d'un peristyle, et à l'égard de sa construction par le concours des quatre branches du plan général de l'édifice au milieu desquelles il s'élance dans les airs avec majesté. Tout, au premier coup d'œil, répond à l'idée de force nécessaire pour le soutenir, et les architectes les plus difficiles à convaincre firent les vœux les plus sincères pour que le succès le plus complet justifiât la garantie que les calculs mathématiques et les expériences physiques pour éprouver les pierres, sembloient lui assurer contre les principes reconnus jusqu'alors pour la solidité des dômes.

« CEPENDANT, malgré ces calculs qui sont incontestables (dit M. Gauthey, p. 30, « parag. 66 de son Mémoire), il n'en est pas moins vrai que les piliers ont souffert, « et que la plupart des pierres se sont fendues et éclatées sous une charge plus consi- « dérable que celle qu'elles peuvent porter. »

IL est à remarquer que quoique la tour du dôme n'ait que trois pieds trois pouces d'épaisseur, et qu'elle soutienne trois grandes voûtes au lieu de deux, elle a été construite avec tant de soins et une telle perfection sous la direction de M. Rondelet, qu'elle a résisté à tous les efforts de la poussée, et au tassement inégal que les piliers ont eprouvé par leur dégradation.

M. VIEL, en publiant au commencement de 1797, son *Traité des principes de l'ordonnance et de la construction des bâtimens*, crut devoir fixer de nouveau l'attention des architectes et de tous les amis des arts sur les causes de la dégradation de ces piliers.

Il publia, la même année, un ouvrage sur les moyens pour leur réparation, et fit graver l'année suivante les plans, coupe et élévation de son projet de restauration. C'est le premier qui ait paru, et ce n'est que dans les années suivantes, que plusieurs architectes, instruits des effets qui se développoient dans les colonnes et dans les corps mêmes des piliers du dôme, tous également graves, firent des recherches qu'ils ont publiées sur ce phénomène tout-à-fait nouveau en architecture.

LE Ministre de l'intérieur, prévenu qu'il y avoit un danger imminent que cet édifice ne s'écroulât totalement, chargea quatre architectes, MM. Rondelet, Chalgrin, Brogniard et Gondoin, de faire une visite de ce monument, et de lui rendre compte du résultat de cet examen. Ils jugèrent qu'il y avoit un danger imminent de laisser cet édifice sans une réparation majeure et prompte, et proposèrent de commencer par étayer les quatre arcs à la tête des nefs, qui portent une partie du dôme. Ils donnèrent ensuite un projet pour augmenter la surface des piliers.

LE Ministre, avant de se décider à cette mesure, chargea, sur la réclamation de M. Soufflot neveu, six inspecteurs des ponts et chaussées, au nombre desquels étoit M. Gauthey, de se rendre au Panthéon, pour visiter, conjointement avec les quatre architectes, l'état des piliers du dôme, et de lui faire part du résultat de leur examen.

LES architectes et les ingénieurs n'étant point d'accord sur la cause de la dégradation de ces piliers, ne purent jamais s'entendre sur les moyens de les faire cesser. Les architectes tenoient fortement à celui de renforcer les piliers du dôme; les ingénieurs préféroient de forts arc-boutans, tels que ceux proposés par M. Gauthey, en 1770, qui porteroient sur les pans coupés pratiqués à la jonction des murs du long pan, et prétendoient que le changement proposé par les architectes détruiroit toute la belle architecture de cet édifice.

UN nouveau Ministre se décida à nommer une autre commission composée de deux architectes, de deux inspecteurs généraux des ponts et chaussées, et de deux mathématiciens pour les partager. Cette commission fut chargée de donner son avis sur les différentes propositions qui avoient été faites. Mais après plusieurs visites et conférences, ses membres ne purent pas s'accorder encore sur le meilleur parti à prendre. Les architectes se prononcèrent pour le renfort des piliers : les ingénieurs pour le recours aux arc-boutans; les mathématiciens, sans blâmer aucun des projets, n'en adoptèrent non plus aucun sans restriction, et ne s'expliquèrent pas sur les questions mathématiques, sur la démonstration desquelles les architectes et les ingénieurs n'étoient point d'accord ; ce qui laissa le Ministre de l'intérieur dans la même indécision qu'auparavant.

LES mathématiciens prétendent que la principal cause de la dégradation des piliers du dôme, est la manière vicieuse dont ils ont été construits en démaigrissant les joints de lits des pierres et en les posant sur calles.

CES dégradations détaillées dans les ouvrages publiés successivement par MM. Viel, Rondelet et Gauthey, sont telles que de l'aveu de M. Rondelet, dans son Mémoire, pag. 84, on a compté, dans un seul de ces piliers, 367 ruptures ou fentes, dont 138 lézardes, 283 éclats, 64 écrasemens, 54 désunions de joints montans, et 344 morceaux rapportés, dont 37 remis deux fois, et que M. Gauthey reconnoît, pag. 31 de son Mémoire, que le nombre des pierres remplacées dans les piliers et dans les colonnes éclatées, est de 1099.

M. RONDELET observe, pag. 100 et 101, que les architectes ajoutent au vice reconnu de construction des piliers du dôme, celui des porte-à-faux, et qu'ils pensent que c'est cette disposition qui est la cause de ce que les colonnes engagées sont en plus mauvais état que le massif des piliers auxquels elles sont adhérentes.

M. GAUTHEY prend la défense de ces porte-a-faux, et affirme, pag 51, qu'ils ne sont ni vicieux, ni nuisibles dans la construction du dôme de Ste.-Geneviève. Il s'élève avec chaleur contre les alarmes que les architectes ont cherché à donner sur le sort de cet édifice. Il est tellement confiant dans l'infaillibilité de ses calculs, qu'il ne craint point d'affirmer, pag. 54, *que quand même tout le pourtour des piliers seroit éclaté, le reste est plus que suffisant pour porter la charge.*

M. VIEL ne se contente pas de proposer de renforcer les piliers du dôme, dont la masse est généralement reconnue insuffisante par les architectes pour en supporter le poids, et de le faire dans une proportion beaucoup plus forte qu'elle n'a été indiquée dans aucun des différens projets de restauration qui ont paru depuis le sien ; il affirme encore l'impossibilité de parvenir à une restauration solide de ces piliers, si on persiste à vouloir leur conserver la figure de triangle rectangle que rejette également toute construction solide et toute grande et belle ordonnance en architecture.

C'EST pourquoi il place en avant des colonnes qui ne tiennent que par un foible point aux angles aigus de ces piliers, deux colonnes qui leur procurent un front plus large, et auroient l'avantage d'annoncer plus convenablement l'entrée du dôme, et d'en mieux prononcer la forme. Sur elles reposent des arcs doubleaux qui se marient avec les voûtes et font disparoître le rédent ou élégissement des arcs existans. C'est-là, suivant M. Viel, qui seul en a fait l'observation, que réside essentiellement le vice de la solidité de la construction de ce dôme, et ce vice étoit inévitable d'après la figure du plan triangulaire des supports du dôme que Soufflot avoit adoptée.

CES arcs doubleaux ont huit pieds de largeur, dimension que présente le front des deux nouvelles colonnes. Les pans coupés des piliers reçoivent, par cette addition, un supplément de cinq pieds qui réduit à trois seulement la projection des pendantifs, au lieu de huit qui est leur état actuel; en sorte que ces piliers soutiendroient presque d'à-plomb le plus grand poids du dôme, et auroient un cube supérieur à celui des piles qui s'érigent sur eux dans la tour du dôme, conformément aux vrais principes de la solidité des bâtimens, qui exigent que les plans des bases d'un édifice l'emportent toujours en superficie sur celle des plans supérieurs. Quelques considérables que soient les accroissemens proposés par M. Viel, ils n'exigent point de nouvelles fondations. Soufflot, inspiré sans doute par un génie conservateur de son ouvrage, a tellement disposé les fondemens de son église, qu'ils ont les bases nécessaires à la restauration des supports de sa coupole.

IL est bon d'observer que M. Gauthey, malgré son amour de prédilection pour les points d'appui indirects, a fini par reconnoître que c'étoit là qu'il falloit apporter le remède. « Il n'est pas douteux, dit-il (pag. 59, paragraphes 132 et 134), qu'il ne « faille augmenter la surface portante. Il est certain que plus on ajoutera de surface « aux piliers, et plus on allégera sur chaque partie, la charge qu'ils portent. »

C'EST pourquoi il blâme la proposition faite par M. Rondelet, d'absorber les colonnes des piliers dans des corps de maçonnerie ajoutés aux deux autres côtés du triangle, non-seulement parce qu'il est démontré que les pierres qui forment le pan coupé de ces piliers, sont à-peu-près quatre fois plus chargées que celles qui forment les côtés des piliers; mais parce que ce moyen appauvriroit extraordinairement un monument très-riche, et qu'il détruiroit absolument toute convenance, toute symétrie, et sur-tout le parfait accord qui règne entre toutes les parties de cette grande et savante disposition, la partie de l'édifice qui doit être le plus décorée, étant alors celle qui le seroit le moins. (Voyez les paragraphes 148 et 149.)

M. GAUTHEY ne rejette pas moins la restauration proposée par M. Brogniard, qui consiste à placer dans les entre-colonnemens des deux côtés du triangle des piliers, des corps de maçonnerie à-peu-près aussi saillans que ceux proposés par M. Rondelet, mais isolés des colonnes qui, par ce moyen, seroient conservées, et à soutenir en outre les panaches des piliers qui ne le sont point dans le projet de M. Rondelet, en plaçant sous ces panaches, devant les pans coupés, quatre grands obélisques sur des piedestaux. « Il est certain (dit-il) que M. Brogniard a bien vu l'endroit où il convenoit d'op- « poser la résistance au poids; il est certain que c'est à l'endroit où il place ses « obélisques, ou proche cet endroit, qu'il faut mettre le point d'appui, puisqu'il « se trouve à-peu-près placé sous le centre de gravité commun de la partie de ce dôme « qui porte directement sur les piliers; et si ce point d'appui étoit suffisant, il n'en « faudroit certainement pas d'autre. »

M. GAUTHEY prouve avec justesse que « le point d'appui proposé par M. Brogniard, « est insuffisant, et que ces obélisques qui auroient le double de la hauteur des colonnes, « et dont le volume seroit huit fois plus considérable que chacune d'elles, attireroit « l'œil du spectateur de préférence à tout, ce qui rendroit toute la grande architecture « de cet édifice petite et mesquine. » Mais comme c'est véritablement sous les panaches des piliers que se trouve le centre de gravité du poids du dôme, M. Gauthey propose lui-même de substituer aux obélisques de M. Brogniard, quatre massifs en avant-corps qui auroient beaucoup plus de largeur et seroient placés directement sous les centres de gravité des panaches. Ces massifs, décorés chacun de deux colonnes pareilles à celles du temple, seroient couronnés d'un fronton circulaire, et surmontés de groupes de figures; mais quoique cette décoration soit plus d'accord que les autres avec le reste de l'architecture, elle a le grand inconvénient de paroître un placage qui n'est mis là que pour masquer un vice essentiel de la forme triangulaire des piliers, et laisseroient toujours quatre voûtes de quarante pieds de diamètre, qui sont celles des nefs conservant leur élégissement, vice radical qu'il faut faire disparoître.

LE projet de restauration de M. Viel n'a aucun des inconvéniens justement blâmés par M. Gauthey : il réunit toutes les formes qu'un goût pur de la belle architecture et la science de la construction permettent d'ajouter aux piliers du dôme. Loin de nuire à la belle ordonnance de Soufflot, en supprimant, comme M. Rondelet, les douze colonnes de ces piliers pour les remplacer par des pilastres, il ajoute à ces colonnes seize colonnes nouvelles qui enrichissent encore davantage cette partie principale de l'edifice, et en font disparoître les pilastres pliés, proscrits de la belle architecture, et qui forment tache dans l'ordonnance de cette église.

LES arcs doubleaux employés par M. Viel, pour former les entrées du dôme, sont non-seulement une décoration convenable par leur forme triomphale à cette partie qui est le temple proprement dit, tandis que les nefs peuvent n'en être considérées que comme les avenues ; mais ils sont absolument nécessaires pour consolider avec succès le porte-à-faux du tambour du dôme, qui est de douze pouces neuf lignes.

CES arcs doubleaux, ces parties essentielles au soutien des dômes, n'altéreroient en rien la belle ordonnance de Soufflot, et s'identifient tellement avec elle, qu'ils ont l'air d'être son ouvrage. Ils nécessiteroient seulement, pour leur donner la proportion qu'ils doivent avoir, de surélever le sol du temple de deux pieds six pouces, et de le mettre de niveau dans toutes ses parties. Alors on reporteroit à la tête des péristyles de la première nef, du côté du portail, les marches construites sur chacun des côtés des nefs : disposition vicieuse que Soufflot n'avoit adoptée que pour faciliter au public les moyens de mieux voir les processions de la châsse de Ste.-Geneviève, qu'on avoit coutume de porter à Notre-Dame, pendant les calamités publiques, accompagnée du clergé, des cours supérieures et de tous les corps.

JE crois devoir observer que toutes les expériences faites pour reconnoître, d'après des calculs mathématiques, quelle devoit être la proportion des piliers du dôme de Ste.-Geneviève, pour ne point écraser sous le poids, ont donné des résultats tellement différens, que ces piliers seroient encore deux fois plus forts qu'il ne faut, d'après les expériences faites avec la machine propre à éprouver les pierres, de Soufflot; une fois et demie seulement d'après celles faites avec la machine de M. Gauthey; et qu'ils sont insuffisans, d'après les expériences faites avec une nouvelle machine de l'invention de M. Rondelet (pag. 69 de son Mémoire).

« CEPENDANT la solidité d'un édifice tel que l'église de Ste.-Geneviève, ne doit rien « avoir de douteux (observe judicieusement ce savant constructeur) ; ce n'est pas une « existence précaire qu'il faut lui procurer, mais une stabilité et une durée proportionnées « à l'importance d'un monument qui fait autant d'honneur aux arts, qu'à la nation. » C'est pourquoi cet artiste non moins mathématicien que M. Gauthey, ne craint point d'avouer, dans la conclusion de son Mémoire « qu'il y a un principe dans l'art de bâtir, « auquel on ne peut pas déroger impunément ; que la vraie solidité ne consiste pas « dans la stricte étendue des surfaces portantes, et qu'il faut de plus que les dimensions « soient telles qu'elles assurent aux points d'appui une certaine stabilité. Il suffit (dit-il), « pour s'en convaincre, d'appliquer le résultat de ces expériences aux édifices les plus « hardis, tels que le pont de Neuilly : on y trouvera que les piles de ce pont, au lieu « de treize pieds d'épaisseur, ne devroient avoir qu'environ quatre pouces, et qu'on « pourroit ne donner aux murs d'une maison de cinq étages, que trois lignes et demie « d'épaisseur, tandis qu'on voit tous les jours des jambes étrières de maisons beaucoup

« moins élevées, qu'on est obligé de renouveler, parce qu'elles cèdent sous le fardeau « quoiqu'elles aient quinze à dix-huit pouces d'épaisseur. »

CET aveu doit être regardé comme la confirmation du danger d'une trop grande confiance dans les calculs mathématiques pour assurer la solidité des bâtimens dont les bases ne sont pas proportionnées aux plans supérieurs conformément aux principes de l'architecture, qui exigent impérieusement cette condition.

LA restauration des piliers du dôme de Ste.-Geneviève est le problême le plus difficile à résoudre, que l'architecture ait jamais présenté. Il ne s'agit pas, comme au quinzième siècle, d'ériger sur les points d'appui de l'église Ste.-Marie *del Fiore*, à Florence, une coupole qui terminât heureusement ce temple qui attendoit depuis longtems Brunelleschi, pour en être couronné; ni de déterminer, comme Michel-Ange, au seizième siècle, les proportions à donner aux supports du dôme de St.-Pierre de Rome, pour répondre à la majesté de ce temple, et lui procurer, par une suite nécessaire, la solidité qui manquoit aux constructions précipitées du Bramante. L'état encore dans lequel se trouvoit cette basilique, vers le milieu du dernier siècle, étoit tout-à-fait différent de celui actuel de l'église de Ste.-Geneviève. La coupole de St.-Pierre, en 1742, étoit lézardée, et les piliers étoient intacts : la coupole de l'église de Ste.-Geneviève se maintient dans un état complet de solidité, mais ses bases s'écroulent. Ce sont ses supports qu'il faut reconstruire en leur ajoutant les forces nécessaires pour leur donner la plus grande solidité sans nuire à l'ordonnance intérieure de cette église, ni à la beauté du plan de Soufflot.

UN tel problême étoit digne d'exercer les méditations les plus profondes des architectes qui réunissent au plus haut degré la théorie et la pratique de l'ordonnance des bâtimens, et celles de leur construction. C'est en comparant entre eux, sans prévention, les divers moyens qu'ils ont proposés, en balançant les inconvéniens et les avantages de leurs projets, que l'architecte chargé de la restauration de ce monument pourra adopter un parti définitif digne de satisfaire également et les savans et les artistes. L'Europe savante attend avec impatience la solution de ce grand problême d'architecture : elle jugera avec d'autant plus de sévérité le plan et le systême de construction qui seront exécutés, que tous les projets divers de restaurations qui ont été faits, tous les calculs qui ont été publiés pour parvenir à le résoudre, seront recueillis soigneusement dans l'histoire de la construction de l'église de Ste.-Geneviève, pour servir à l'instruction des architectes qui, par la suite, seront chargés de l'érection de semblables monumens.

Ce nouvel ouvrage de M. Viel, notre collègue, ne peut être que très-utile au perfectionnement de l'art de bâtir, et mérite, à tous égards, l'honneur d'être déposé dans les archives de la Société libre des sciences, lettres et arts.

MARBRES FACTICES.

Invention nouvelle.

Des marbres factices nouveaux viennent d'être soumis au jugement de l'Athénée des Arts, sous les formes de vases et de chambranles de cheminées; ils consistent dans une sorte d'enduit très-mince qui pénètre, par l'action de la chaleur, dans les pores de la pierre, même la plus dure sur laquelle il sont appliqués.

Ces marbres factices sont tout-à-fait différens des impressions ordinaires des marbres feints, soit celles à l'huile ou à la détrempe; ils diffèrent aussi, totalement, du stuc: ils ont mérité à leurs auteurs un brevet d'invention, pour la solidité qu'on leur a reconnue.

Cette découverte mérite l'attention des architectes, par l'application qu'ils en pourront faire. Ces marbres remplaceront avec avantage les lourdes et massives peintures, par les ombres portées et les fortes teintes des caissons et des compartimens qui font, aujourd'hui, les plus uniformes et les plus tristes décorations, sur les voûtes de nos palais.

L'invention de ces marbres factices apparoît heureusement à une époque où de grands édifices s'érigent encore, qui pourroient en être décorés. Entre eux, le Temple de la Gloire dont les murs doivent être revêtus en marbre; si la voûte est construite en pierre, elle seroit facilement enduite de ces marbres factices qui se raccorderoient avec les marbres naturels.

Le temple ainsi construit, répondra aux nobles et hautes pensées du Prince qui l'a conçu et qui le fait bâtir; ce temple doit être rangé dans la classe:

« De ces desseins élevés les plus dignes des courages magnanimes qui, considérés « avec prudence, sont exécutés avec succès ».

ERRATA.

Page 4, ligne 11 : au quatre angles du plan général ; *lisez :* aux quatre angles.

55, 11 : dans l'ordonnance de ce même édfice ; *lisez :* dans l'ordonnance générale de ce même édifice.

77, 29 : et pour 'intérêt public; *lisez :* et pour l'intérêt public.

84, note, dernière ligne : appliquées à des édifices de raudes dimensions; *lisez :* appliquées à des édifices de grandes dimensions.

98, ligne 2 : sur l'axe du pourtail ; *lisez :* sur l'axe du portail.

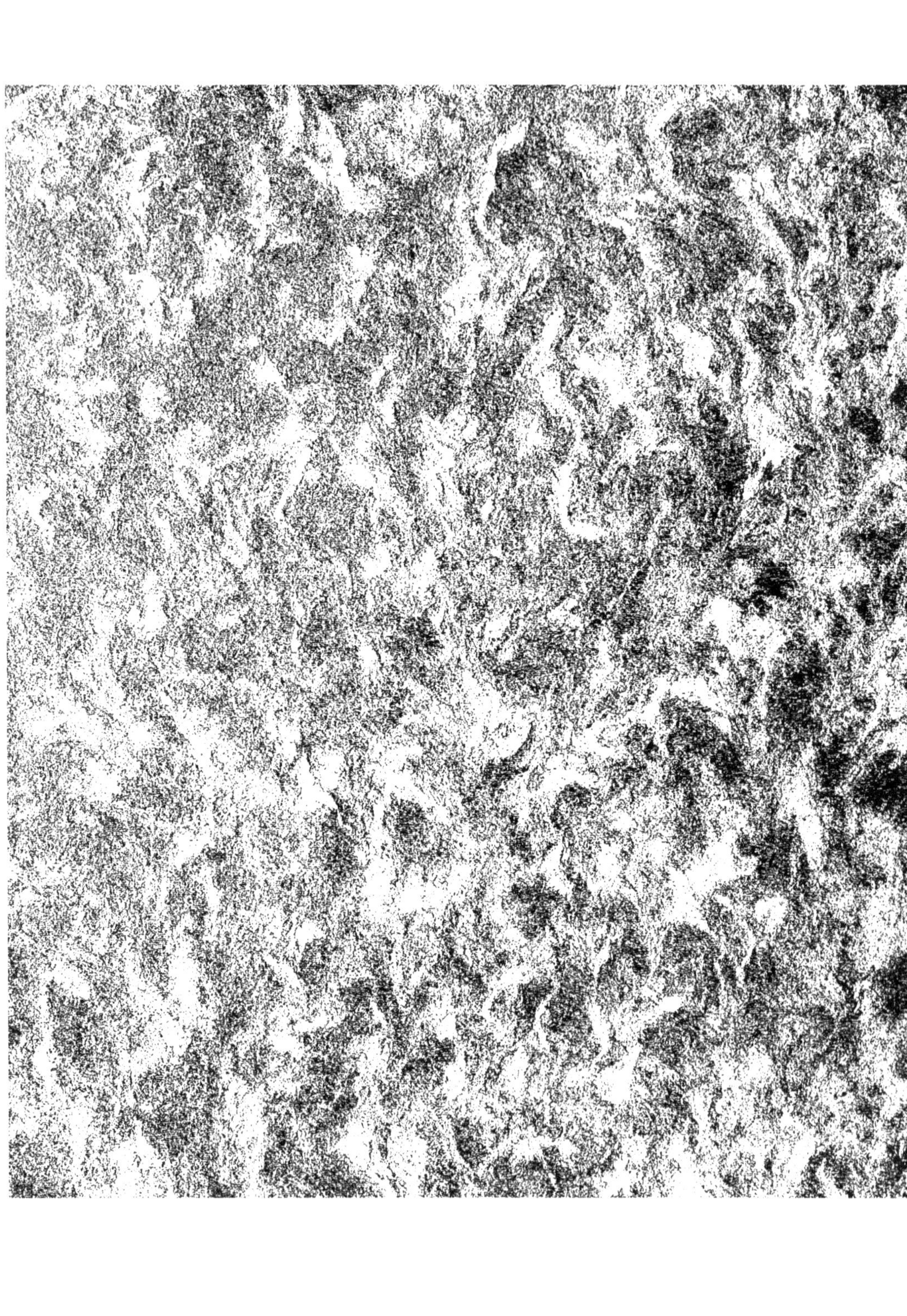

BIBLIOTHEQUE NATIONALE DE FRANCE
3 7531 04611089 7

www.ingramcontent.com/pod-product-compliance
Lightning Source LLC
Chambersburg PA
CBHW031328210326
41519CB00048B/3617

* 9 7 8 2 0 1 3 7 2 2 8 8 9 *